마리아 몬테소리

관찰의 즐거움

스스로를 창조하는 아이들을 만나는 시간

마리아 몬테소리 관찰의 즐거움

글 | 정이비 펴낸이 | 곽미순 디자인 | 김민서

펴낸곳 | ㈜도서출판 한울림 편집 | 윤소라 이은파 박미화
디자인 | 김민서 이순영 마케팅 | 공태훈 경영지원 | 김영석
출판 등록 | 1980년 2월 14일(제2021-000318호)
주소 | 서울특별시 마포구 희우정로16길 21
대표전화 | 02-2635-1400 팩스 | 02-2635-1415
블로그 | blog.naver.com/hanulimkids 페이스북 | www.facebook.com/hanulim
페이스북 | www.facebook.com/hanulim 인스타그램 | www.instagram.com/hanulimkids

첫판 1쇄 펴낸날 | 2014년 7월 20일 5쇄 펴낸날 | 2023년 4월 5일
ISBN 978-89-5827-069-0 13590

마리아 몬테소리

관찰의 즐거움

스스로를 창조하는 아이들을 만나는 시간

정이비 지음

한울림

추천 서문

30년을 되돌려 다시 살아난 감동

《마리아 몬테소리, 관찰의 즐거움》이라는 책 제목을 보는 순간, 오래전 젊은 예비교사 시절에 가슴 깊숙이 간직해두었던 특별한 감동이 딱딱한 가슴을 터트리면서 주체할 수 없이 후드득 쏟아져 나왔다. 30년 전, 나이 드신 은사님은 몬테소리M. Montessori 여사의 경험담을 들려주며 자신이 느꼈던 감동을 생생하게 전달해주셨고 내게도 그 감동은 고스란히 전달되었었다. 그 이후 학생들을 가르칠 때마다 은사님의 표정을 묘사해가며 그 말을 인용해왔다. 그런데 이 책을 손에 쥔 순간 나는 내가 그동안 얼마나 무덤덤하게 그 말을 인용해왔는지 절실히 깨달았다. 누군가에게 올바로 가르쳐야 한다는 생각에 사로잡혀 조직적으로 체계적으로 정리하는 데만 온갖 노력을 기울여왔지, 정작 몬테소리 교육철학의 진정한 의미를 전달하려는 뜨거운 열정은 잊고 있었던 것이다.

저자는 국내에서 3~6세 몬테소리 교사 교육을 받고, 이탈리아에서 0~3세 몬테소리 교사 교육을 마쳤다. 한국으로 돌아온 뒤에도 오랫동안 교육현장에서 0~3세 아이들과 함께 몬테소리 교육을 실천해왔다. 그리고 지금도 0~3세 몬테소리 교육에 대한 현장 교사들의 목마름을 채워주기 위해 국내에서는 최초로 AMI(몬테소리국제협회, Association Montessori Internationale) 트레이너가 되기 위한 공부를 하고 있다. 그런 저자가 직접 세계 여러 나라의 몬테소리 학교를 방문하며 관찰했던 기록을, 그리고 직접 우리의 아이들과 생활하면서 관찰했던 기록을 책으로 엮었다. 영아보육과 육아지원에 특별한 관심을 가지고 있는 나에게 이 책은 마치 내가 직접 그곳에 가 있는 것처럼 생생한 감동을 체험할 수 있게 해주었다.

생후 7개월이 지난 미카엘라가 스스로 손을 뻗어 물건을 잡고, 마음대로 움직여주지 않는 자신의 몸을 통제하기 위해 안간힘을 쓰며 세상을 탐험해 나아가는 모습을 묘사한 장면에서는 마치 내가 미카엘라가 된 것처럼 온몸에 힘을 주며 미카엘라와 같은 자세를 취하고 있는 것 같은 마음으로 읽어나갈 수밖에 없었다. 그러나 3세가 조금 안 된 민지가 교실을 배회하다가 스스로 '구두 닦기' 활동을 선택하고, 완벽하게 작업을 마친 뒤에 여유로운 마음으로 물고기를 관찰하는 장면에서는 반대로 선생님의 입장이 되어 멀리서 지켜보며 응원하는 마음으로 흐뭇한 미소를 지으며 읽어내려 갈 수 있었다. 이렇듯 각각의 관찰기록은 하나하나 다른 의미를 가지고 색다른 감동을 우리에게 전해준다.

이 책은 크게 아이들을 관찰한 관찰기록과 몬테소리 교육이론으로 구분하여 기술하고 있다. 이러한 기술형식은 0~3세 아이들에 대한 이해와 몬테소리의 교육이론을 머리가 아니라 가슴으로 이해할 수 있도록 고안한 것이다. 그 비밀은 책 구성에서 철저히 관찰기록을 먼저 배치한 데 있다. 뒤에 이어지는 이론적 설명을 읽다보면 독자들이 몬테소리의 교육철학을 이해하도록 돕는 데 어떤 관찰기록이 가장 적합한지 고민에 고민을 거듭했을 저자의 마음이 절로 느껴진다.

이런 형식의 책을 쓸 때, 보통은 이론적 기초를 먼저 기술하고 이를 뒷받침하기 위해 관찰기록을 덧붙이는 경우가 많다. 그러나 저자는 이 책을 읽는 독자들이 '구체적 경험'을 먼저 체험하도록 유도하고 있다. 또한 저자의 언어로 편안하게 몬테소리 교육을 설명해주는 동시에 저서의 인용으로 몬테소리 여사가 남긴 말을 연결하여 더 큰 감동을 전달한다. 이 책은 시작부터 끝까지 철저히 몬테소리 교육철학에 기초하고 있음을 알 수 있다.

우리는 매일매일 아이들을 만난다. 집에서, 거리에서, 공원에서, 어린이집에서. 그리고 교사로, 부모로, 가족으로, 이웃으로, 친구로. 우리는 저자의 말대로 '50만 년의 인류 역사를 담은, 아니 150억 년의 우주의 역사를 실은, 몸무게 3.0킬로그램의 인류 생명체'를 매일 매순간 무심히 스쳐지나가고 있지는 않은가? 어쩌다 떨어진 몇 조각의 운석에는 열광하면서 우리 곁에 무심한 듯 치열하게 인류의 역사를 살아가고 있는 '고귀하고 신비로운 생명체'에게는 진심어린 눈길 한번 주지 않은 것은 아닐까?

이제 우리는 이 책을 통해 저자가 그러했듯이 '새로운 어린이'를 발견하고 그 가치를 알아볼 수 있는 눈을 얻게 될 것이다. 지금부터는 새로운 눈과 마음으로 아이들과 함께 지금껏 느껴보지 못한 행복감을 한껏 느끼며 삶을 즐길 준비만 하면 되는 것이다.

또한 그 옛날 산 로렌조의 어린이집 선생님들처럼 '의자에 앉아 있는 성모마리아'의 자비로운 모습을 가슴에 품고, 몬테소리 여사의 묘비에 새겨진 말처럼 '인류와 세상의 평화건설을 위해 친애하는 모든 아이들과 함께 하나가 되기를' 기원하며 살아갈 수 있을 것이다.

제비꽃이 피어나는 어느 날 연구실에서

곽혜경 한중대학교 유아교육학과 교수

저자 서문

몬테소리 교육에 빠지다

몬테소리는 우리나라에서 단순히 유아교육 프로그램으로 오인되거나, 심지어 조기교육의 대명사로 불리는 등 수많은 오해를 받아왔다. 그러나 몬테소리는 어른이 아이의 발달에 개입하여 교육내용을 주입하고 앞에서 이끄는 것에 반대한다. 몬테소리가 주목한 건 모든 아이의 내면에는 스스로 발달을 이끌 수 있는 '힘'이 갖춰져 있다는 사실이다. 자연이 선물한 이 특별한 '힘'으로 아이는 스스로를 완성하기 위해 끊임없이 변화하고 움직인다. 따라서 부모와 교사가 해야 하는 역할은 어린아이의 특별한 힘을 이해하고, 아이의 내면과 행동을 잘 관찰하여 아이가 타고난 잠재력을 자유롭게 펼칠 수 있도록 환경을 조성하는 것이어야 한다.

몬테소리 교육에서 가장 중요한 어른의 역할은 관찰과 적절한 환경마련이다. 그중에서도 아이들의 자유의지를 믿고 아이들에게 도움을 주기 위한 적절한 시기를 아는 것이 무엇보다 중요하다. 이를 위해 몬테소리는 어른들에게 우선 '과학자의 자세'로 아이들을 관찰하도록 요구한다. 관찰을 토대로 아이들의 발달단계를 이해하고, 아이들이 스스로 설 수 있는 적절한 환경을 마련해주어 아이가 삶의 주인이 되도록 도와주기 위해서이다.

세상에는 많은 유아공동체가 있다. 그곳에는 아이들을 이해하고 발달에 맞게 환경을 준비하고 아이들을 사랑으로 이끄는 참된 교사들이 있는가 하면, 여전히 아이들 위에 군림하고 소리치고 억압하는 교사들도 있다. 그들은 움직이고 싶어 하는 아이들의 자유를 막고 아이들의 성장을 후퇴시키고 있다. 몬테소리 학교라는 간판이 붙여진 곳도 예외는 아니다. 이름이 몬테소리 학교라고 해서 모두가 몬테소리 교육을 실천할 것이라고 믿는다면 큰 착각이다. 훈련되지 않은 교사, 준비되지 않은 환경에서는 몬테소리 교육이 거의 불가능하다. 그럼에도 그들은 버젓이 몬테소리의 이름을 전면에 내세워 우리를 혼란에 빠뜨린다. 실제로는 몬테소리 교육과는 전혀 상관없는 교육을 진행하면서 몬테소리 이름을 부끄럽게 하고 있다. 그렇다면 몬테소리 교육의 실제는 어떤 모습일까?

나는 아이들의 자율성을 강조하는 몬테소리 교육에 매료되어 1996년 국내에서 3~6세 AMI 몬테소리 교사자격증을 취득하고 다시 0~3세 AMI 몬테소리 교사양성과정을 공부하기 위해 이탈리아 로마에 갔다. 몬테소리 교육의 뿌리부터 알고 싶다는 호기심과 교육은

0~3세부터 시작되어야 한다는 신념에서 나온 결정이었다.

AMI 몬테소리 교사양성과정에서는 0~3세 아이에 관한 의학, 생리학, 해부학, 위생학과 몬테소리 이론과 실천과정 등 0~3세 아이에 관한 모든 정보와 교육방법을 다루는데, 1년 동안 아침 9시부터 저녁 5시까지 수업이 진행되며 350시간의 아이들 관찰과 실습이 의무이다. 이 과정에서는 특히 '관찰'을 중요시한다. AMI 몬테소리 교사가 되기 위해서는 수백 시간의 아이들 관찰이 선행되어야 한다.

나는 로마에서 0~3세 AMI 몬테소리 교사자격증을 취득하고 2000년에 한국에 돌아와 서울에 AMI 몬테소리 전문교육원을 열었다. 그 이후로 지금까지 아이들에게 몬테소리 교육을 실천하기 위해 노력하고 있다.

몇 년 전부터는 한국에서도 0~3세 몬테소리 교사양성과정이 절실히 필요하는 생각이 들어 AMI 0~3세 트레이너가 되기 위해 해마다 미국의 덴버에서 진행되는 트레이너 양성과정에 참여하고 있다. 그곳에서 미국, 일본, 캐나다, 프랑스, 핀란드 등 10여 개국에서 모인 트레이너 양성과정의 선생님들과 만나 각국의 사례를 비교하며 0~3세 아이들에게 가장 적합하고 실제적인 교육이 무엇인지를 연구하고 있다. 이 과정에 참여하면서 미국, 이탈리아, 네덜란드, 일본 등의 몬테소리 학교를 직접 방문하였고, 그곳에서 만난 아이들을 관찰한 기록을 이 책에 실었다.

이 책의 중심 내용은 0~3세 아이들을 이해하기 위한 관찰기록과 몬테소리 교육이론이다. 분량은 많지 않지만 몬테소리 여사의 저서에서 발췌한 글도 실었다. 몬테소리 교육철학은 100년의 역사를 가졌지만 그 방대함과 특수성으로 인해 일반인들이 직접 접하기는 쉽지 않다. 이 책을 통해 일부라도 새로운 교육에 대한 열린 시각을 가진 모든 분들과 나누고 싶었다. 아이들을 돌보고 관찰하는 데 익숙하지 않은 부모나 학생이라 할지라도 관찰기록과 '가정에서 실천하는 몬테소리 교육'을 참고하면 부모와 교사가 어떤 원칙과 태도를 가지고 아이를 대해야 하는지, 또 아이에게 어떤 환경을 마련해주어야 할지 쉽게 알 수 있을 것이다.

0~3세는 강한 생명력에 의해 발달이 이루어지는 창조의 시기이다. 아이의 존재를 구성하는 대부분이 이 시기에 만들어지기 때문이다. 부디 이 책이 여러분을 진정한 몬테소리 교육의 길로 인도하는 좋은 안내자가 되어주기를 간절히 소망한다.

정이비

목차

prologue

몬테소리 교육의 탄생

아이는 어떤 존재이며, 교육은 무엇이고 어떠해야 하는가에 대한 깊은 성찰과 철학이 담긴 몬테소리 교육학은 세기를 넘어 오늘날에도 변함없는 울림을 주고 있다. 마리아 몬테소리(1870~1952)는 교육학의 고전적 사상가의 반열에 드는 거의 유일한 여성으로, 죽음에 이르는 순간까지 실천으로 가득한 삶을 살았다. 몬테소리의 삶은 끊임없는 도전과 아이들을 향한 사랑 그 자체였다.

새로운 생명을 발견하다!

우연한 만남에서 운명(?)을 예견하다

1892년 로마의 핀치오 공원. 한 여대생이 깊은 상심에 빠져 한적한 공원을 거닐다 어린 딸을 데리고 나온 거지여인과 우연히 마주쳤다. 그 여인이 가엾은 목소리로 먹을 것을 달라고 말하는 동안 여대생은 그 옆에 있는 아이에게 눈길을 빼앗겼다. 서너 살쯤 되어 보이는 여자아이는 구걸하는 엄마 옆에 앉아 색종이 조각을 가지고 놀고 있었다. 엄마의 참담한 처지에는 관심이 없는 듯 아이의 표정은 사뭇 진지하고 행복해 보였고, 쓸모없어 보이는 종잇조각에 온통 정신을 집중하고 있었다. 여대생은 순간 자신이 무엇을 느끼고 있는지 의미도 모른 채 어떤 감동에 사로잡혔다.

훗날 이 여대생은 핀치오 공원에서 경험한 현상에 주목하고, 성장하고 있는 아이 안에서 무슨 일이 일어나는지에 관해 연구하기 시작한다. 오랜 시간의 연구와 관찰 끝에 아이들 안에 있는 특별한 '생명의 법칙'을 발견한 그녀는 이것이 교육에 있어서 굉장히 중요하다는 사실을 깨닫고 자신만의 교육법을 고안한다. 그리고 20세기 최초의 여성 교육학자로 세상에 이름을 떨치게 된다. 이 여대생이 바로 몬테소리 교육학의 창시자, 마리아 몬테소리다.

과학의 시대에 탄생한 몬테소리 교육

교육의 근대화가 이루어지기 전에는 아이를 바라보는 시각이 지금과 달랐다. 당시 사람들은 임신이 되었을 때부터 난세포 안에 남자나 여자가 이미 미세한 형태로 만들어져 있다고 생각했다. 또 엄마 배 속에 있어 보이지 않을 뿐, 아이는 남자나 여자로 자라기 때문에 사람들은 태어난 어린아이 역시 작을 뿐 어른과 다를 바 없다고 보았다. 그래서 아이도 당연히 어른처럼 생활하고 어른의 태도를 갖춰야 한다고 여겼다. 때문에 잠시도 가만히 있지 않고, 부질없어 보이는 시도를 반복하며, 도와줘도 감사할 줄 모르고 울거나 고집을 피우는 아이들을 골칫덩이로 여겼다. 어른들은 아이들에게 얌전히 있으라고 끊임없이 강요했고, 자주 대결관계에 놓였다. 말을 듣지 않는 아이에게 남는 건 눈물과 아우성뿐이었다.

어른들의 폭력으로부터 아이들을 구원한 건 과학이었다. 18세기 후반 한 학자가 현미경으로 생식세포를 세밀히 관찰한 결과, 미리 존재하는 것은 아무것도 없다는 결론을 내렸다. 그는 태아가 '일련의 단계를 거쳐 발달한다'는 사실을 확인하고 생명체가 스스로를 완성한다고 말했다. 세상이 이 발견을 인정한 건 그로부터 한참의 세월이 흐른 뒤였다. 아이를 바라보는 시각이 서서히 바뀌기 시작했다. 그리고 20세기 초 마리아 몬테소리와 같은 교육철학자들이 등장하면서 교육에서의 구체적인 변화가 시작되었다.

몬테소리 교육학과 다른 교육학의 차이점에 대해서 언급한다면 단연 과학적 교육학이라고 말할 수 있다. 20세기 초는 '현대 사상의 소용돌이'라고 불릴 만큼 과학 분야에서 위대한 발견이 잇따른 시기였다. 몬테소리는 생리학, 생태학, 의학, 심리학, 정신분석학, 발생학 그리고 철학에 이르기까지 다양한 분야의 연구성과를 바탕으로 아이들을 관찰하고 그 경험을 분석하였다. 그리고 자신이 고안한 교육법을 실제 교육에 적용하고 검증하였다. 당시로서는 보기 드문, 과학적 원리에 바탕을 둔 교육법이 탄생할 수 있었던 것은 몬테소리의 처음 직업이 의사였기에 가능한 일이었다.

핀치오 공원에서 구걸하는 모녀를 만났을 때 몬테소리는 이탈리아 최초의 여자 의대생이었다. 당시 이탈리아의 교육제도는 여성이 의과대학에 진학할 수 없게 되어 있었다. 몬테소리는 뜻을 굽히지 않고 이탈리아 국왕과 교황 등을 만나 자신의 의지를 밝혀 마침내 의대에 들어갈 수 있었다. 그러나 의대 최초의 여학생으로 남학생들과 함께 공부하는 것은 쉽지 않았다. 해부학 실습도 함께할 수 없어서 다른 방에서 지켜봐야 했으며 그들의 비웃음과 편견, 차별, 괴롭 힘을 견뎌야 했다. 절망에 빠져 모든 것을 포기하고 싶었던 그때, 몬테소리는 핀치오 공원에서 만난 여자아이의 모습에서 어렴풋이 자신에게 어떤 사명이 있다는 것을 깨달았다. 덕분에 의학공부를 포기하고 싶다는 생각을 다시는 하지 않게 되었고, 1896년 의과대학을 우수한 성적으로 졸업하여 이탈리아 최초의 여의사가 되었다. 그리고 핀치오 공원에서의 예견대로 몬테소리는 운명의 전환을 맞이하기 시작한다.

장애아동교육에서 일구어낸 몬테소리의 기적

졸업 후 대학 부설 정신병동에서 수련의로 근무하게 된 몬테소리는 어느 날 지적장애아동들이 수용되어 있는 보호시설을 방문했다. 아이들은 마치 동물처럼 끔찍한 환경에 수용되어 있었다. 관리인들은 아이들이 식사를 마친 뒤에도 마치 짐승처럼 남아 있는 음식부스러기에 덤벼든다고 말하며 아이들을 멸시하였다. 이 말에 충격을 받고 아이들을 관찰하던 몬테소리는 뜻밖에도 전혀 다른 사실을 발견할 수 있었다. 아이들이 매달린 건 음식부스러기가 아니라 '손을 놀릴 수 있는 그 무엇'이었던 것이다. 그 방은 텅 비어 있어서 아이들이 손을 놀릴 만한 대상이 없었다. 식기와 빵조각만이 유일하게 손을 놀릴 수 있는 대상이었다.

이 일로 몬테소리는 아이들이 자신이 취할 수 있는 동작을 통해서 본능적으로 지능을 키우려 한다는 사실을 알게 된다. 특히 몸 가운데서도 중요한 부위가 손이라는 것도 알게 되었다. 몬테소리는 지적장애아동들에게 필요한 것은 격리수용이나 치료의학이 아니라 교육이라는 사실을 깨닫고 아이들을 위한 교육법을 연구하기로 결심했다.

정부가 로마에 장애아치료연구소를 설립하자 몬테소리는 2년 동안 그곳에 재직하면서 아이들과 함께 많은 시간을 보냈다. 그리고 지적장애아동들이 어떻게 읽고 쓰기를 배울 수 있는지를 고민하며 그들에게 적합한 교육방법을 연구하였다. 몬테소리는 특수교육 분야의 초기 개척자인 프랑스 정신과의사 이타르 J. Itard와 세강 E. Seguin의 연구에 주목하고 그들이 환자를 치료하는 데 사용한 감각자료를 더욱 발전시켜 오늘날 몬테소리 교구로 잘 알려져 있는 교구를 만들었다. 그리고 이것을 지적장애아동의 교육에 적용하였다.

이 교육법은 놀라운 성과를 거두었다. 가망이 없다고 판정받은 아이들이 점차 읽고 쓸 수 있는 능력을 갖게 되었고, 공립초등학교 시험에 합격할 수 있을 만큼의 실력을 쌓은 것이다. 심지어 비장애아동과 동등하거나 더 좋은 성적을 얻어 주변을 놀라게 하였다.

모든 사람들이 이 기적에 찬사를 보낼 때 몬테소리는 한 걸음 더 나아간다. '이 교육법을 모든 아이들에게 확대할 수 있을까?'라는 질문을 스스로에게 던진 것이다. 의학도인 자신이 그 대답을 충분히 갖고 있지 못하다는 사실을 깨달은 몬테소리는 다시 대학에 입학하여 철학과 심리학, 교육학 연구에 몰두했다. 그리고 1904년에는 로마 대학의 인류학과 교수로 임명되기에 이르렀다. 자신의 남은 생애를 의학이 아니라 교육에 바치기로 결심하게 되는 운명의 순간이 몬테소리에게 그렇게 서서히 다가오고 있었다.

세계 최초의 어린이 집, 그리고 새로운 교육실험

1907년, 드디어 생각을 현실로 실현할 수 있는 기회가 찾아왔다. 로마의 산 로렌조 지역에 노동자 주택이 재건축되었을 때 아이들은 애물단지였다. 맞벌이 부모 혹은 편부모로부터 방치된 아이들은 하루 종일 할 일이 없어서 무료한 시간을 보내다가 새 집에 낙서를 하거나 새 건물을 파괴하곤 했다. 건물주는 집을 보호하기 위해서 몬테소리에게 어린이집을 운영해줄 것을 부탁하였다. 세계 최초의 어린이집 '카사 데이 밤비니'는 이런 어처구니없는 이유로 탄생했다.

3~6세 아이들 60명이 어린이집에 모였다. 몬테소리는 이 아이들에 대해 '얼굴은 무표정하고, 마치 생애에서 아무것도 본 것이 없는 듯 눈빛은 공허했다'고 묘사했다. 아이들은 어떠한 정서적 자극도, 보호도 받지 못한 채 초라하고 어두운 집에서 가난하게 자랐고 방치되었다.

몬테소리는 자신이 개발한 교육법을 이 아이들에게도 적용하여 지적장애아동들이 보인 반응과 비교해보고 싶었다. 그렇다고 인위적으로 여건을 조성하지는 않았다. 가능한 아이들에게 적합한 자연스러운 환경을 만들어주기 위해 노력하였다.

내가 만든 책상은 모양이 다양하고 견고하며 네 살 된 아이도 쉽게 옮길 수 있을 만큼 가볍다. 의자도 나무와 짚으로 만들어 가볍고 예쁘다. 책상에는 작은 테이블보를 씌웠고 꽃병도 올려놓았다. 아이들을 위한 낮은 세면대를 설치했고 비누와 솔, 수건 등을 비치해두었다. … 중략 … 벽에는 아이들 손이 닿을 수 있는 위치에 칠판을 걸어놓고, 화목한 가정 풍경이나 꽃이 그려진 작은 그림들을 걸어놓았다. 그리고 특별히 한쪽 벽에는 어린이집의 상징으로 선택한 라파엘로의 그림 '의자에 앉아 있는 성모마리아'를 크게 걸어놓았다.

〈어린이의 발견 The discovery of the child〉

어린이집은 새로운 교육의 실험실이 되었다. 이곳의 교육은 교사가 아이들에게 지식을 전달하는 것이 아니었다. 몬테소리는 교실 안의 모든 것을 아이들 중심으로 바꾸고 아이들이 책상을 닦고 정원을 가꾸는 등 스스로 삶의 기술을 배울 수 있도록 환경을 조성했다. 또한 지적장애아동들의 감각과 지능을 발달시켰던 교구를 어린이집 아이들에게 제공하고 질서 있고 안전한 환경에서 자유롭게 활동할 수 있는 분위기를 만들었다.

몇 달이 지났을 무렵, 몬테소리는 아이들의 행동에서 놀라운 사실을 발견했다. 어린이집에는 꼭지원기둥(나무로 된 받침대에 크기가 다른 10개의 구멍이 뚫려 있고, 각각의 구멍 크기에 맞는 원기둥을 찾아 끼워 넣는 것) 교구가 있었다. 어느 날, 몬테소리는 3세 정도 된 여자아이가 그 교구를 가지고 똑같은 동작을 몇 번이고 되풀이하고 있는 장면을 목격했다. 아이는 옆에 사람이 다가가도 모를 정도로 교구에 완전히 집중하고 있었다. 몬테소리는 이 아이의 집중력이 어느 정도인지 알아보기 위해 다른 아이들에게 여자아이의 주변을 걸어 다니며 큰 소리로 노래를 부르게 하였다. 그러나 아이는 조금도 동요하지 않고 더욱 깊이 집중했다. 몬테소리가 횟수를 세어보니 아이는 42번이나 똑같은 작업을 반복했다. 하던 일을 멈추었을 때 아이는 마치 꿈에서 깨어난 듯했으며 만족스러운 미소를 지었다.

아이들이 집중하는 모습은 이후에도 여러 차례 관찰되었다. 처음 왔을 때만 해도 무질서하고 아무런 의욕도 없어보이던 아이들은 시간이 지나면서 스스로 질서를 잡고, 교구를 통해 집중력을 발휘하기 시작했다. 어느 순간 아이들은 글을 쓸 줄 알게 되었다. 무엇보다 아이들은 자신감이 생기고 침착해졌으며 원만해졌다. 이러한 변화는 아이들이 반복, 집중, 만족 등의 과정을 통해 내면의 인격을 스스로 성장시킨다는 사실을 말해주고 있었다.

몬테소리는 산 로렌조 어린이집에서의 경험을 통해 아이들은 스스로 능동적으로 활동할 수 있고 그렇게 하려고 한다는 사실을 깨달았다. 어린아이는 산만해서 잠시도 가만히 있지 못하고 늘 새로운 자극을 찾는다는 게 그 시대에 널리 퍼진 선입견이었다. 하지만 몬테소리가 관찰한 아이들은 내면에 자신의 발달을 이끌 수 있는 집중력을 갖추고 있었다. 몬테소리에게 이 발견은 혁명적인 인식의 전환점이 되었다.

전 세계로 뻗어나간 몬테소리 교육

같은 해, 산 로렌조에 또 하나의 어린이집이 문을 열었다. 1908년에는 밀라노에, 그리고 로마에도 어린이집이 세워졌다. 몬테소리는 이들 어린이집에도 자신이 고안한 교육법을 똑같이 적용시켰다. 앞서 관찰한 변화가 아이 발달의 일반적인 원리라면 다른 여건에서도 동일한 결과가 나와야 한다는 과학적 사고에서 내린 결정이었다. 몬테소리의 생각은 옳았다. 거기에 부유한 가정의 아이들도 조금 늦기는 하지만 일단 집중을 하면 빈민가 어린이집에서 관찰한 것과 유사한 모습을 보인다는 사실까지 새롭게 확인하였다.

새로운 교육실험에 대한 대중적인 관심은 급속도로 퍼져나갔다. 산 로렌조 어린이집의 명성은 다른 지역에까지 소문이 났고, 이 놀라운 변화를 보기 위해 많은 사람들이 꼬리에 꼬리를 물고 어린이집을 방문하였다. 방문객들은 어린아이들이 글을 읽고 쓰는 것을 보고 놀라워하며 "누가 글을 가르쳐주었냐?"고 물었다. 그러면 아이들은 이상하다는 듯이 멀뚱한 시선으로 올려다보며 "누가 가르쳐줬냐고요? 아무도 안 가르쳐주었는데"라고 대답하였다.

한번은 이탈리아 수상의 딸이 아르헨티나 외교관들과 함께 어린이집을 방문하였다. 어린이집은 이날 문이 닫혀 있었다. 아이들은 관리인에게 문을 열어달라고 부탁한 뒤 방문객들에게 자신들이 하는 의례적인 활동들을 교사가 없는 상태에서 질서정연하고 침착하게 선보였다. 몬테소리 어린이집에서의 이런 성과는 점차 입소문을 타고 세상에 알려졌다. 몬테소리는 어린이집에서 관찰한 2년간의 교육적 경험을 바탕으로 자신만의 교육법을 정립하였다.

이후 몬테소리는 새로운 궤도에 오르게 된다. 몬테소리의 교육법이 전 세계로 알려지면서 1909년부터 세계 각지로 퍼져나갔기 때문이다. 스위스와 영국, 프랑스, 아르헨티나, 호주, 중국, 인도, 일본, 멕시코, 시리아, 미국, 뉴질랜드 등에서 몬테소리 학교가 문을 열었다. 자신의 교육원칙과 이상을 전파하고 어린이의 기본적인 권익을 증진하기 위한 몬테소리의 발걸음도 바빠졌다.

하지만 세계적인 유명세 뒤에는 엄청난 고난도 따랐다. 2차 세계대전 당시 무솔리니는 몬테소리 학교에서 파시즘 정책을 교육하라고 강요하였고, 이를 거부하자 이탈리아에 있는 모든 몬테소리 학교를 폐쇄하도록 명령하였으며 심지어 몬테소리의 책을 모두 불살라 버리기도 했다. 하지만 몬테소리는 어떤 역경에도 흔들림 없이 목표를 향해 달려갔다. 인도에서 억류된 7년 동안 0~3세 아이들의 발달과 양육에 관해 연구하며 자신의 교육이론을 더욱 확장해나갔다.

몬테소리는 생의 마지막 순간까지 새로운 교육을 향한 도전을 멈추지 않았다. 1952년 82세의 나이로 네덜란드에 잠들 때까지.

아이를 관찰하는 즐거움

관찰을 통해 발견한 새로운 생명

몬테소리는 항상 '내가 한 일은 다만 아이들을 관찰한 데 지나지 않으며, 아이들이 나에게 가르쳐준 것을 받아들여 표현했을 뿐'이라며 자신의 교육이론과 실천은 아이들에게서 배운 것이라고 강조하였다. 실제로 몬테소리 교육법과 다른 교육법의 중요한 차이점 중 하나가 바로 교육에서 '관찰'이 차지하는 위치다.

처음 의학을 전공한 몬테소리에게 유아교육은 어쩌면 낯설었을지 모른다. 몬테소리는 아이들을 이해하는 것이 최대 과제였다. 그녀는 겸허한 자세로 아이들 관찰에 몰두하였고, 모든 몬테소리의 교육학적 성과는 관찰을 통해서 가능하였다.

몬테소리 교육에서 관찰은 아이들 세계로 다가가기 위한 열쇠이다. 우리는 아이의 내면을 알 필요가 있고, 관찰을 통해 아이 행동 너머까지 파악할 필요가 있기 때문이다. 단 아이를 관찰할 때는 선입견이나 편견을 버리고 열린 마음으로 차분하게 명상하듯 조용히 지켜보아야 한다. 이러한 관찰의 기술은 아이를 새롭게 발견하고 깊은 이해를 경험하게 하여 관찰자로 하여금 아이를 관찰하는 즐거움을 갖게 한다.

몬테소리는 산 로렌조 어린이집의 아이들을 관찰하였다. 그리고 발견하였다. 태어날 때부터 아이 안에는 자연이 선사한 '강한 생명의 충동'이 갖춰져 있으며, 아이는 그 '힘'에 의해 스스로 환경을 탐색하면서 경험을 통해 배우고 자신의 성격과 인격을 완성해나간다는 사실을. 몬테소리가 발견한 아이는 기존의 교육에서는 고려해본 적조차 없는 '새로운 생명'이었다.

몬테소리는 '새로운 아동관'을 정립했다.

첫째, 아이는 어른과는 다른 특별한 존재다. 아이는 타고난 '특별한 정신'의 '힘'을 어른들과는 질적으로 다른 일에 사용한다. 어른은 정신적 '힘'을 사용하여 환경을 변화시키는 생산적인 일을 하지만 아이는 환경과 접촉하면서 자기 자신을 스스로 창조해간다.

둘째, 자연이 선사한 '강한 생명의 충동'은 아이 안에서 '내면의 선생님'으로 작동한다. 아이들은 '내면의 선생님'의 안내를 받아 정해진 시간표에 따라 발달해나간다. 부모와 교사가 자신의 계획에 맞춰 아이의 발달을 이끌어가려고 하면 오히려 아이의 발달에 방해가 될 뿐이다.

셋째, 따라서 아이는 성인의 축소형이 아니고 그렇게 취급되어서도 안 되며, 분리된 개별 생명을 지닌 존재로 인식되어야 한다. 아이는 정서적, 지적, 신체적으로 고루 키워져야 할 하나의 인격으로 존중받아야 한다.

몬테소리는 아이들이 타고나는 생생하고 역동적인 창조적 에너지가 인류의 역사에서 수천 년 동안 미지의 세계로 남아 있었다고 말했다. 귀중한 아이들의 정신력을 소홀히 해왔다고 개탄했다. 그리고 이제부터라도 아이 안에 간직된 소중한 생명력에 눈길을 돌리고, 교육을 통해 '새로운 생명'이 온전히 성장하도록 도와야 한다고 주장했다.

그렇다면 '새로운 생명'을 돕는 교육은 어떠해야 하는 것일까? 몬테소리는 "새로운 교육은 어린이를 존중하고, 어린이의 존재 그 자체를 발견하는 것이며, 그 다음으로 어린이가 성장하기 위해 나아가려 할 때 필요한 도움, 즉 적합한 환경을 제공하는 것"이라고 말했다. 이것은 전통적 교육관을 뒤흔드는, 기존과는 완전히 다른 '새로운 교육'의 등장을 예고하는 것이었다.

'새로운 교육'과 준비된 환경

몬테소리 교육은 인간에 대한 전통적 이해와 교육방식에 반기를 든 '새로운 교육'이었다.

오랫동안 아이는 스스로 아무것도 할 수 없는 수동적인 존재였으며, 교육은 아이에게 어른들이 알고 있는 지식을 전달하는 것이었다. 부모나 교사의 임무는 아이에게 필요한 교육내용을 주입하고, 아이가 사회에서 원하는 정신적 양식을 갖추도록 앞에서 아이를 이끄는 것이었다.

그러나 몬테소리가 발견한 아이는 더 이상 부모나 교사에 의해 수동적으로 만들어지는 무력한 존재가 아니었다. 아이의 성장을 이끄는 힘 또한 부모나 교사가 제공하는 교육이나 여타의 수단이 아니라 아이가 본성적으로 타고나는 '강한 생명의 충동', 즉 '내면의 선생님'이었다. 교육은 어른에 의해서가 아니라 아이가 스스로 수행하는 자연스러운 정신활동인 것이다.

그렇다면 부모와 교사는 아무것도 하지 않으면서 아이가 자신의 힘으로 발달과정을 마칠 때까지 기다려야 하는 것일까? 그렇지 않다. 몬테소리는 교육을 통해 아이가 타고나는 특유의 정신활동을 마음껏 펼칠 수 있도록 도와야 하며, 이를 위해서는 준비된 환경이 필요하다고 보았다. 그리고 여기서 교육적으로 중요한 사실들을 이끌어냈다.

첫째는 환경의 중요성이다. 아이의 '특별한 정신'은 자신이 처한 환경에 있는 사물과 사람들과의 상호작용 속에서 발달을 추진하고 성격과 인격을 완성해나간다. 환경은 아이가 훗날 어떤 어른으로 성장하는지에 중대한 영향을 미치는 것이다. 따라서 교육에서 중요한 것은 아이의 각 발달단계와 요구에 적합한 준비된 환경이다. 환경에는 부모와 교사도 포함된다.

둘째는 부모와 교사의 역할이다. 아이는 주위의 도움 없이는 아무것도 할 수 없는 존재로 태어난다. 당연히 외부로부터의 도움이 필요한데, 이때 부모와 교사는 아이의 행동 하나하나에 개입하는 게 아니라 한 걸음 뒤로 물러서서 지켜보아야 한다. 그리고 아이가 생명의 충동을 마음껏 발휘하여 자기완성을 향해 자유롭게 도전할 수 있도록 배려하고 도와야 한다. 부모와 교사는 아이와 환경의 다리가 되어주어야 한다.

셋째, 준비된 어른만이 준비된 환경을 마련할 수 있다. 준비된 어른은 아이 고유의 정신적 특성과 발달에 대해 알고 있어야 하고, 아이를 대할 때 애정을 가지고 있어야 한다. 그래야 스스로 성장하려는 아이들의 노력을 지원하는 적절한 환경을 만들 수 있고, 아이를 신뢰하고 기다릴 수 있는 마음을 가질 수 있다.

넷째, 관찰의 중요성이다. 부모와 교사가 해야 할 일차적인 과제는 아이를 관찰하는 것이다. 모든 아이는 저마다 개성을 지니며 자신만의 고유한 설계도를 가지고 있다. 부모와 교사는 관찰을 통해 아이 내면에 간직된 설계도를 이해하고 방향을 맞춰야 한다.

어떻게 '관찰'해야 하는가?

관찰이란 주의를 기울여서 알아차리는 일로, 특히 0~3세 아이를 키우는 어른에게는 무척 중요하다. 무엇을 하고 싶고 하기 싫은지, 자신의 의지를 표현하는 아이들의 언어를 어른들이 제대로 이해하지 못하기 때문에 관찰을 통하지 않고서는 아이 내면으로부터의 의지를 파악하기가 어렵다. 관찰은 아이에 대한 정보를 제공하며, 정보는 이해를 가져다준다.

문제는 아이의 내면에 간직된 설계도가 배우기만 하면 읽을 수 있는 책처럼 눈앞에 펼쳐져 있는 것이 아니라는 점이다. 때문에 관찰을 잘하려면 아이에게 깊은 관심을 가져야 하며, 관찰의 기술을 획득하기 위해서 노력해야만 한다. 아이에게 집중해야 하며, 관찰을 습관화하기 위한 연습도 필요하다. 아이를 관찰할 때 반드시 염두에 두어야 할 몇 가지 사항이 있다.

첫째, 아이가 하는 모든 작업을 존중해야 하며 위험하지 않다면 아이의 활동에 개입하지 말아야 한다. 스스로를 완성하는 과정에서 선택과 자유는 필수다. 만약 아이의 선택과 자유를 억압하면 아이와 갈등관계에 놓이게 되고, 아이 안에 있는 가능성은 사라지게 될 것이다.

둘째, 눈앞에 있는 아이의 모습과 행동을 있는 그대로 받아들여야 한다. 관찰을 나중에 어떤 목적을 갖고 아이에게 개입하기 위해 필요한 자료를 미리 모으는 준비단계로 받아들여서는 안 된다.

셋째, 다른 아이와 비교하지 않는다. 모든 아이들은 서로 다르며 발달에서도 개인차를 나타낸다.

부모와 교사는 아이를 감시하고 명령하는 대신 관찰하고 기다리며 아이 스스로 발달을 이루어나갈 수 있도록 돕는 사람이어야 한다. 이를 위해서는 아이를 관찰할 때 엄격한 마음이 아니라 '사랑의 눈'으로 바라보아야 한다. 또한 선입견을 갖지 말고, 긍정적이거나 부정적인 면을 있는 그대로 관찰해야 한다. 그러면 아이의 내면을 이해하게 될 뿐 아니라 어른으로서 역할을 어떻게 수행해야 하는지 저절로 알게 될 것이다.

거대한 아이의 잠재력, 그리고 몬테소리의 메시지

150억 년 전, 지극히 짧은 순간에 일어난 대폭발big bang로 우주가 탄생했다. 그리고 무수한 우연의 과정을 거쳐 현재의 지구가 만들어졌다. 이후 35억 년 만에 화석으로 확인할 수 있는 가장 오래된 생명체인 박테리아가 등장했다. 약 30억 년 전에는 광합성을 하는 박테리아가, 6억 년 전에는 다세포생물이, 5억 년 전에는 삼엽충이, 이어서 어류가 생겨났다. 척추동물인 양서류가 등장했고, 이것이 점차 파충류로 진화했다.

약 300만 년 전 아프리카 지역에서 직립보행을 했던 오스트랄로피테쿠스, 도구를 사용했던 호모 하빌리스와 호모 에렉투스 등 인류의 조상이 출현했다. 마침내 진정한 인류의 조상이라 할 수 있는 호모 사피엔스가 나타난 건 약 50만 년 전이었다. 우주에서 지구까지, 박테리아에서 인류까지 이 천문학적 역사의 진통을 거치며 오늘날 우리가 있게 되었다.

지금 우리 앞에는 아이가 있다. 50만 년의 인류 역사를 담은, 아니

150억 년의 우주의 역사를 실은, 몸무게 3.0킬로그램의 인류 생명체가 우리 앞에 놓여 있는 것이다.

이제 막 태어난 아이는 새로운 세상이 낯선 듯, 가끔 슬픈 듯 얼굴을 찡그리기도 하고, 마치 어두운 곳을 방금 빠져 나와 세상이 휘황한 듯 가늘게 실눈을 떠보기도 한다. 아이는 그렇게 우리 곁으로 온다. 몸무게 3.0킬로그램, 키 50센티미터 미만인 이 작은 아이는 신경세포 140억 개의 위대한 두뇌를 감추고 우리 곁으로 오는 것이다.

독일의 생물학자 헤켈 E. Haeckel은 1866년 '생물의 개체발생은 그 계통발생을 되풀이한다'는 유명한 생물발생법칙을 제창했다. 즉 개체는 그 발생도상(개체발생)에 있어 조상이 지나온 경과(계통발생)를 간단하게 되풀이한다는 것이다.

한 인간이라는 작은 생명체 안에 인류의 장구한 역사가 되풀이되고 있다니 이 얼마나 경이로운 일인가?

"아이는 우리 시대에 나타난 강력한 기관차이며, 어둠 속에 있는 사람들에게 새로운 희망이다."

몬테소리가 우리에게 전하는 메시지이다.

chapter 1

움직이고 싶어 하는 아이들

아이들은 움직이기 위해서 태어났다. 앉고 기고 서고 걷기까지 아이는 넘치는 에너지로 쉴 새 없이 움직인다. 두 발로 당당히 서기까지 실패하면 도전하고 실패하면 다시 시도하면서 아이는 스스로를 완성해나간다. 아이들에게 움직임은 생명을 꽃피게 하는 원동력이다. 한 톨의 씨앗이 싹이 나고 잎이 나고 거대한 거목이 되듯이 아이들은 성장하기 위해서 움직이고 또 움직인다.

탐험에 나선 미카엘라

관찰 어린이 7개월 된 미카엘라

장소 이탈리아 영아반 교실

미카엘라는 배의 힘과 등 근육이 강해져 몸의 균형을 유지하며 오랜 시간 혼자서 앉아 있을 수 있을 만큼 성장했다. 그러나 아직은 마음대로 몸을 움직여 공간을 이동할 수는 없다. 그저 앉혀주면 앉아 있고 눕혀주면 누워 있다.

교사가 교실 모퉁이에 마련된 넓은 카펫 위에 미카엘라를 눕혀놓았다. 미카엘라가 누워 있는 주변에 딸랑이와 작은 공 등 만지고 놀 만 한 물건들을 놓아주고 교사는 뒤로 물러섰다.

미카엘라는 주변을 두리번거리다 마음에 드는 물건을 발견했는지 팔을 뻗는다. 작은 손에 물건을 그러쥐고 입으로 가져가 탐색하더니 다시 두 손으로 만지작거리며 물건을 흔들어보고 있다. 그렇게 30여 분이 흘렀다. 미카엘라는 여전히 누워서 물건을 가지고 놀고 있다.

미카엘라를 지켜보던 교사는 아이가 지루할 거라 생각했는지 미카엘라를 번쩍 안아서 거울 앞에 앉혔다. 거울에 비친 자신의 모습을 본 미카엘라는 신이 나는지 "에-에-에" 하는 소리를 낸다.

몇 분이 흘렀을까? 미카엘라는 똑같은 자세로 앉아서 거울을 보고 있다. 마침 멀리서 지나가던 교사가 거울에 비친 미카엘라를 보고 손을 흔들어준다. 그것을 본 미카엘라는 선생님을 향해서 가고 싶은 듯 몸을 움직인다. 하지만 아직 몸을 마음대로 움직일 수 없는 미카엘라는 의도와 다르게 그만 카펫 위로 꽈당 하고 뒤로 넘어졌다. 그러나 미카엘라는 울지 않았다.

미카엘라는 뒤로 넘어진 채로 다시 누운 자세가 되었다. 누운 자세에서 주변의 물건들을 손에 잡히는 대로 만지작거리더니 몸을 서서히 돌리며 돌아누운 자세로 바꿨다. 드디어 뒤집기를 해 엎드린 자세가 되었다. 두 팔로 상체를 지탱하며 고개를 들더니 주변을 둘러본다. 아주 조금씩 혼신의 힘으로 기기를 시도하고 있다.

양손으로 몸을 떠받쳐 가슴까지 일으켜 세우고는 머리를 들고 양팔과 팔꿈치를 사용하여 몸을 지탱한다. 서서히 엎드려 뻗친 자세로 온몸을 밀어 올린다. 양팔에 체중을 싣고 어깨를 최대한 늘려 펼쳐서 배를 바닥에 대고 몸을 뒤로 민다. 받히고 있던 양손을 풀고 몸을 떨어뜨려 바닥에 붙인다.

드디어 인간의 새로운 역사가 펼쳐지는 놀라운 일이 벌어지고 있었다. 있는 곳에서 한 뼘도 이동할 수 없던 미카엘라는 배를 바닥에 대고 천천히 뒤로 나아가고 있다. 마치 인간이 최초로 거대한 대륙을 횡단하며 탐험에 나서듯 미카엘라는 스스로의 몸을 움직여 세상을 탐험하러 나아가고 있다. 아주 조금씩 뒤로 향하고 있다.

뒤로 기어가기가 얼마쯤 지났을까? 미카엘라는 무거운 머리를 들고 두 팔로 상체를 지탱하며 움직이는 것이 몹시도 힘에 부친 듯 바닥에 머리를 대고 엎드려 쉬고 있다. 그리고는 입술에 닿은 바닥을 혀로 핥으며 느껴보고 있다.

다시 재도전. 양손을 바닥에 대고 몸통을 들어 기는 자세를 만들었다. 조금씩 뒤로 향하는 미카엘라의 행진은 그녀를 어느새 방 한 구석까지 데려다놓았다. 계속 나아가려는 미카엘라의 행진은 거대한 벽으로 인해 가로막혔다. 뒤로 나아가려 해도 갈 수 없게 된 미카엘라는 점점 지쳐가는 듯했다. 순간 미카엘라는 "으앙" 하고 울음을 터뜨렸다.

인생은 도전의 연속이며, 도전을 극복하는 데에는 그만큼의 고통이 따른다. 아이와 함께 있는 어른은 이 작은 미카엘라의 노력을 찬양해야 한다.

아이는 숱한 성장의 단계를 거치며 자라난다. 태어나서 그저 엄마와 주변 사람의 도움으로만 성장할 수 있던 아이는 두 발을 땅에 딛고 당당히 서기까지 부단한 신체적, 정신적 발달의 과정을 겪어야 한다.

아이가 걷기까지 한 단계에서 다음 단계로 나아간다는 것은 어떤 의미가 있는 것일까? 어른들은 아이가 시간이 지나면 저절로 자라난다고 생각하기 쉽다. 그러나 아이의 발달은 한 단계 한 단계 완성을 향한 끝없는 도전과 반복과 노력 속에서 이루어진 결과물이다. 아이는 완성을 향해서 쉬지 않고 도전한다. 실패하면 도전하고 또 다시 도전하기를 반복하면서.

몬테소리는 인간의 본질은 인간 고유의 특성을 완성하기 위한 지속적인 변화의 과정이라고 하였다. 반복하고 실패하고 다시 시도하며 인간은 자기완성을 이룩하기 위해 노력한다. 아이들은 성장하기 위해 노력하고, 다시 움직인다. 끝없는 아이의 노력, 우리가 아이들을 존중해야 하는 중요한 이유이다.

montessori said

신체운동은 내면에서 우러나와야 하며 아이들의 마음에 의해 준비되어야 한다. … 중략 … 근육은 의지 없이는 정상적으로 발달하지 못한다. 왜냐하면 신체운동은 활동적인 의지의 표현이기 때문이다. 우리가 할 수 있는 건 기다림뿐이다. 아이의 의지가 발현될 때까지. 그러나 우리는 아이들의 발달과정을 이해하려고 노력해야 한다. 우리가 아이들의 언어를 이해하지 못하기 때문에 아이들을 한 개인의 인격체로 이해하지 못하고 있다. 물론 이런 중요한 이해는 서서히 이루어진다. 하지만 관찰해야만 알 수 있다는 사실을 명확히 알아야 한다.

〈가정에서의 어린이 The child in the family〉

넘어지고 또 넘어져도

관찰 어린이 10개월 된 마티아, 7개월 된 티지아노

장소 이탈리아 영아반 교실

바닥에는 아이들이 뒹굴며 지낼 수 있는 어른 2인용 크기의 얇은 매트가 깔려 있고, 한쪽 벽에는 커다란 거울이 걸려 있다. 또 천장에는 아이들이 누우면 보일 수 있는 위치에 모빌이 매달려 있다. 빛을 받아 무지개 색이 반사되는 유리공과 원, 마름모 모양의 종이로 만든 모빌은 작은 바람에도 천천히 원운동을 하면서 교실 위에서 아름답게 돌고 있다. 나는 방해가 되지 않게 최대한 조심하면서 아이들을 관찰을 하기 위해 교실 한쪽에 있는 의자에 앉았다.

마티아는 이제 막 혼자서 서는 연습을 하는 듯하다. 교실 한가운데 앉아 있던 마티아가 옆에 있는 의자에 두 팔을 뻗어 의자 위에 놓았다. 그리고는 왼발과 오른발에 힘을 주면서 서서히 몸을 일으키더니 두 팔을 의자 쪽에 힘껏 밀어붙이듯 힘을 싣고는 벌떡 일어섰다. 그렇게 마티아는 의자를 붙잡고 잠시 서 있었다. 그러다가 오른손을 의자에서 떼는 순간 그만 중심을 잃고 뒤로 꽈당 넘어졌다.

바닥에 매트가 깔려 있어서 충격이 덜했는지 마티아는 울지도 않고 다시 몸을 돌려 의자 쪽으로 향한다. 마티아가 다시 의자를 잡는다. 무릎을 꿇고 한 팔 한 팔 뻗어 의자를 짚더니 몸을 일으키고 머리를 의자에 붙인 채 일어서고 있다. 그러다가 의자에서 손을 떼면 다시 꽈당! 마티아는 그렇게 스스로 서기를 반복하고 있다.

문득 오늘 나와 같이 관찰을 나온 마샬이 궁금해졌다. 마샬은 맞은편 벽 쪽에 자리를 잡고 앉아 있다. 미국에서 어린아이들에게 음악을 가르치는 20대 중반의 교사인 마샬은 0~3세 몬테소리 교사가 되고 싶다며 이탈리아까지 날아왔다. 마샬은 티지아노를 관찰하고 있다.

티지아노는 아직 기지를 못해 주로 앉아서 거울을 보거나 엎드려서 주변에 있는 장난감을 만지고 입으로 가져가 빨고 있다. 간혹 "에-에 프-프" 하며 옹알이를 하고 엉덩이만 들썩거리는 아이를 관찰하는 게 답답했던지 마샬이 내 쪽을 힐끗 쳐다보더니 갑자기 벌떡 일어나 티지아노에게 향했다.

그리고는 티지아노가 누워 있는 매트 앞에 같이 누워 기어가는 자세를 취하더니 "이렇게 기는 거야, 티지아노! 이렇게!" 하며 티지아노에게 직접 기는 법을 보여주었다. "Come on! 티지아노, come on!" 하면서 마샬은 두 손을 내밀고 흔들며 티지아노가 앞으로 기어오도록 유혹했다. 답답한 마음은 티지아노도 마찬가지인 듯 하다. 마샬을 향해서 가고 싶은 마음에 엉덩이를 계속 들썩거리지만 결국 제자리다.

혈기왕성한 20대 청년이 7개월 된 아이의 더딘 일상을 지켜보며 얼마나 답답했으면 저런 행동을 취할까 이해가 되기도 하였다.

아이가 걷기까지는 얼마나 많이 넘어지고 주저앉아야 할까? 아이가 걷기 위해서는 우선 걸을 수 있는 신체적 조건이 성숙되어야 한다. 뒤집기, 앉기, 기기 등을 통해 몸통 근육이 발달하고 허리에 힘을 주고 몸을 일으킬 수 있어야 하며 다리를 자유롭게 움직일 수 있어야 한다. 또한 두 발을 딛고 서면서 한쪽 발에 무게 중심을 옮길 수 있도록 신체근육이 발달해야 한다. 그리고 두뇌의 명령에 따라 근육이 자유롭게 움직일 수 있도록 수백 개의 신경회로가 정교하게 작동해야 한다.

걷기는 단순히 신체발달만을 의미하지는 않는다. 더 큰 정신적 성숙을 의미하기도 한다. 어른으로부터의 독립이다. 아이 스스로 자신이 원하는 곳에 언제든지 갈 수 있고 자신이 원하는 것을 취할 수도 있다. 걷기를 통해서 비로소 아이들은 자유로워지는 것이다.

자유로운 아이, 자기 몸의 주인으로서 스스로 성장하고자 하는 아이들을 위한다면 아이가 걷고 싶어 할 때 걸을 수 있도록 기회를 주어야 한다. 사실 아이들은 걸으면서 신체를 어떻게 움직여야 하는지 신체기능을 배우게 된다. 또한 아이들은 연습을 통해서 더 강해지고 능숙해지며 완전해질 수 있다. 이때 우리가 기억할 것은 움직임에 방해가 되지 않는 옷차림과 신체발달에 적합한 환경을 마련해 주는 것이다. 아이가 걸을 준비가 되었을 때 마음껏 걸을 수 있도록 자유를 주는 것이다.

montessori said

걷고 말하는 것은 엄청 어려운 일이다. 작은 몸에 비해 큰 머리, 아직 균형 잡히지 않은 몸을 가누며 짧고 작은 다리로 설 수 있기까지 아이들은 무척 고생하며 노력을 해야 한다. 심지어 아이들이 처음 내뱉는 말은 굉장히 복합적인 의미를 담은 표현이기도 하다. 확실한 것은 말을 하고 걷는 것이 아이들에게 처음은 아니라는 사실이다. 아이들의 지능과 균형감각은 이미 오래전부터 진행되어 왔고, 우리가 본 것은 단지 표면에 드러난 상태에 지나지 않는다. 하지만 아이들이 걷고 말하기 위해 거쳐 온 과정들은 우리 모두가 눈여겨볼만한 가치가 있다. 아이들은 분명 자연스럽게 성장한다. 하지만 아이의 엄청난 연습과 노력이 없다면 성장은 가능하지 않다. 노력하고 연습하지 않으면 아이의 지능은 아주 낮은 수준에 머물게 된다.

〈가정에서의 어린이 The child in the family〉

바쁘게 움직이는 아이들

관찰 어린이 18개월~36개월 아이들

장소 한국 영유아반 교실

딸랑 딸랑, 종소리가 들리자 아이들이 바깥놀이를 위해 가지고 놀던 교구를 정리한다. "이거는 이러케, 이러케 해야쥐" 하면서 옥이는 빗자루로 바닥을 쓸며 마무리하고 있다.

아이들이 삼삼오오 교실 입구 쪽으로 모여든다. "무얼 만들까? 무얼 만들까? 오른손은 주먹, 왼손도 주먹, 눈-사람, 눈-사람" 하면서 선생님은 아이들과 노래를 하며 자리를 정돈하고 있다. 어린아이들은 선생님과 함께 부르는 노래가 즐거운 듯 행복한 얼굴로 목청껏 노래를 따라 한다. "자, 화장실 갈 준비되었나요?" 선생님이 물으니 병아리들이 합창하듯 "네-에!" 하고 큰 소리로 대답한다.

하나둘씩 화장실을 다녀온 뒤 아이들은 자신의 신발을 챙겨서 교실 입구에 있는 긴 의자에 앉는다. 두세 살 아이들은 아직 균형감각이 완전하게 발달되지 않아 서서 신발을 신는 일이 쉽지 않다. 그래서 교실 입구에는 아이들이 앉아서 신발을 갈아 신을 수 있는 긴 의자가 놓여 있게 마련이다.

신발을 갈아 신고 교실 밖을 나서니 아이들의 발걸음이 빨라진다. 아이들은 앞마당에 있는 모래놀이터로 향했다. 준이는 포크레인을 고르고 상진이는 덤프트럭을 잡았다. 수진이는 물 조리개를 들고 수돗가로 향하고 있다. 유정이는 모래밭에 주저앉아 흙을 여기저기로 옮기고 있다. 연지는 스테인리스로 된 소꿉놀이 그릇에 모래를 담고 있다.

잠시 뒤 연지가 내 곁으로 다가왔다. "아 뜨거워요! 아 뜨거워요!" 하며 나에게 그릇을 내민다. 따뜻한 햇살에 그릇이 달구어졌는지 연지가 내민 그릇은 실제로도 따뜻했다. "이거 먹어요" 하며 내민 아이의 그릇을 나는 웃으면서 받아들었다. "냠냠" 먹는 시늉을 한 뒤 "맛있게 먹었습니다" 하고 그릇을 돌려주었다. 그러자 연지는 계속해서 모래를 담아 나에게 음식을 권한다.

아이들은 모두 각자의 일을 하느라 바쁘다. 토끼에게 먹이를 주는 아이, 화단에 물을 주는 아이, 덤프트럭으로 모래를 옮기는 아이, 움직이는 개미를 따라가는 아이, "내 꺼야" 하며 다투는 아이, 그릇에 흙을 담았다 쏟았다 하는 아이. 한쪽에서는 화단에 핀 패랭이꽃을 꺾어 선생님에게 주의를 듣는 아이도 보인다. 어느 아이도 가만히 멈춰있지 않다.

아이들은 바쁘다. 자유로운 공간에 있으면 아이들은 더 바쁘게 움직인다. 아이들은 스스로를 창조하기 위해 열심히 움직인다.

아직 신경학적 발달이 미숙한 신생아도 태어나자마자 운동을 한다. 빨기 반사, 쥐기 반사, 걷기 반사 등 반사작용이라 불리는 운동을 한다. 이것은 생존을 위한 것이며 이러한 반사운동은 시간이 지남에 따라 의지에 따른 운동으로 대체된다. 근육을 통제하는 신경세포가 발달해가면서 아이는 반사운동이 아닌 자신의 의지에 따른 자발적 운동을 하는 것이다.

어른들에게 운동은 몸을 단련하는 정도로 생각되지만, 아이에게 운동은 몸과 마음이 성장하여 생명을 꽃피게 하는 원동력이다. 아이들은 성장하기 위해서 움직이고 또 움직인다. 움직이고 싶어서 움직인다.

호기심이 가득한 아이들

관찰 어린이 25개월~34개월 아이들

장소 이탈리아 영유아반 교실

에드와르도는 책상 위에 빵가루 만들기 교구를 갖다놓았다. 쟁반 위에는 딱딱하게 굳어서 먹을 수 없는 빵 덩어리가 놓여 있다. 딱딱해진 빵을 작은 믹서에 넣고 손으로 돌려 빵가루로 만드는 일을 할 모양이다.

친구가 에드와르도 옆으로 왔다. 에드와르도가 언제 믹서를 돌리나 한참을 지켜보던 친구는 지나가는 선생님을 붙잡고 말한다. “선생님, 에드와르도가 이 빵을 먹으려고 해요!” 선생님이 에드와르도를 보고 “그 빵은 맛이 없단다. 오래 된 빵이라 딱딱해서 이가 아플 거야. 먹는 게 아니라 빵가루를 만드는 거란다” 하며 지나간다.

호기심에 찬 에드와르도는 선생님 말에 아랑곳하지 않고 딱딱하게 굳은 빵을 깨물어 보려고 애쓴다. 오랜 시도 끝에 마침내 조금 깨물기에 성공한다. 옆에 있는 친구도 열중해서 지켜보고 있다. “너도 먹어 볼래?” 에드와르도가 친구에게 권한다. 이제 두 아이가 의기투합해서 더욱 열심히 딱딱하게 굳은 빵을 먹어보려고 애를 쓰고 있다.

멀리서 알렉시아가 바구니를 가져와 책상 위에 놓는다. 바구니 안에는 과일 모양의 다양한 플라스틱 모형들이 들어 있다. 알렉시아는 바구니를 뒤집어 내용물을 모두 바닥에 쏟아놓는다. 그리고는 천천히 과일들을 하나둘씩 바구니에 주워 담는다.

그때 선생님이 알렉시아가 다시 과일들을 담고 있는 줄 모른 채, 교실 바닥에 어지럽게 흩어진 과일모형을 보고 "알렉시아, 이럴 수는 없는 거다……"라며 자조 섞인 한마디를 하고 지나갔다. 알렉시아는 애초의 정리하려던 마음이 사라졌는지 하던 일을 멈추고 바구니를 책상 위에 그대로 둔 채 다른 곳으로 가버렸다. 선생님이 뒤늦게 교실에 뒹구는 과일모형을 보고는 "알렉시아! 알렉시아!" 하고 큰 소리로 부른다.

이 교실은 몬테소리 교육을 하는 곳으로 알려져 있지만 실상은 아닌 것 같다. 선생님은 호기심에 찬 아이들의 행동을 방해하고, 심지어 하고자 하는 의욕마저 꺾어버린다. 차분하게 아이들이 활동에 집중하도록 배려하기보다는 큰 소리로 아이의 이름을 부르기도 하고 한쪽에서 소란스럽게 놀이를 주도하기도 한다. 교실의 환경 역시 플라스틱 장난감들이 대부분이고, 몬테소리 교구라고 불릴 수 있는 일상생활 교구들은 간혹 몇 가지 눈에 띌 뿐이다.

어른들은 아이들이 어려서 물건을 함부로 다룰 거라는 생각에 잘 망가지지 않는 플라스틱 제품을 선호하곤 한다. 그런데 과연 이런 화학적이고 인공적인 모형을 통해서 이제 막 감각기능이 싹트는 어린아이들이 무엇을 배울 수 있을까? 혹여 플라스틱 과일모형을 통해서 과일은 모양만 다르고 맛도 없고 향도 없는 플라스틱의 느낌이라고 알게 되지는 않을까?

몬테소리 교육에서는 아이들에게 실제 자연물을 가지고 활동하도록 한다. 그래야 나무, 유리, 금속, 자기류 등 실제 재질의 차이를 통해서 다양한 촉감과 질감을 느끼고 잘못 다루면 부서진다는 사실도 알게 되기 때문이다. 어른들은 위험하다고 주저하지만 신기하게도 아이들은 물건 다루는 법을 알려주면 대부분 제대로 다룬다.

montessori said

몬테소리 교육의 중심이 되는 특징은 환경 안에서 이루어지는 교육이다. 교사는 아이의 관심사와 활동에 많이 개입하지 않아야 한다. 즉 교사는 자신의 활동과 권위를 드러내지 않고 아이 스스로 활동하도록 돕는 수동적인 교사여야 한다. 아이의 자발적인 행동과 발전하는 모습을 볼 때 만족할 줄 아는 교사여야 한다.

〈어린이의 비밀 The secret of childhood〉

아이들은 유리나 자기로 된 물건을 떨어뜨려 깨뜨린 순간 그 물건을 영원히 잃어버린다는 사실을 알게 된다. 이 순간 아이가 겪는 고통은 이미 아이에게 벌칙이다. 그래서 아이들은 깨어지기 쉬운 물건을 옮길 때면 아주 조심스럽게 걸으려고 온갖 노력을 다한다. 아이는 실수를 통해 알게 되고 주변 환경에서 배운다. 부모나 교사가 그저 관찰하는 자세로 아이들에게 아무런 개입을 하지 않더라도 말이다.

〈가정에서의 어린이 The child in the family〉

손으로 생각하기

관찰 어린이 25개월 된 연희
장소 한국 영유아반 교실

연희가 가위질 할 종이를 구겨서 작은 봉투에 넣고 있다. 선생님이 다가가 구긴 종이를 펴면서 "이 종이는 가위로 자르는 거예요" 하며 다시 종이를 가지러 연희를 데리고 교구장 앞으로 간다. "이건 선생님 꺼, 이건 연희 꺼." 한 장씩 종이를 챙겨서 책상으로 돌아온다.

"선생님이 가위를 어떻게 잡는지 잘 보세요." 선생님이 가위집에 있는 가위를 꺼내서 오른손으로 천천히 잡는다. 그리고는 가위를 들고 왼손으로는 긴 종이 끝을 들고 조금씩 자르는 모습을 보여준다. 아이의 시선도 선생님의 느린 움직임에 맞춰 따라가고 있다.

긴 종이가 절반 정도 잘렸을 즈음, 연희의 시선이 옆에 있던 가위집으로 쏠리더니 어느새 가위집에 손가락을 끼고는 장난을 치고 있다. 선생님이 "가위집은 상자에 넣기로 해요"라고 말하자 연희는 "가위집? 집?" 하면서 '집'이라는 말을 반복하며 선생님을 쳐다본다.

"가위는 뾰족해서 위험할 수 있으니까 우리가 사용하지 않을 때는 가위집에 넣어두는 거예요." 선생님 말에 연희는 얼른 들고 있던 가위집을 상자에 담는다. 그리고 선생님과 연희가 함께 남은 종이를 자르고 있다. 연희가 종이 끝을 잡고 선생님이 가위를 잡았다. 자른 종이들이 상자 위에 수북하게 쌓였다. "이제 선생님이 자른 종이를 정리할게요." 선생님은 종잇조각들을 모아 작은 봉투에 담았다.

"이제 연희 차례예요." 선생님의 말에 연희가 오른손에 가위를 들고 긴 종이를 자르기 시작한다. 처음에는 싹둑 종이가 잘려나가더니 두 번째는 끝까지 잘리지 않고 종잇조각이 긴 종이에 대롱대롱 매달려 있다. 그러자 연희는 가위를 위로 들고 매달려 있는 부위를 싹둑 잘랐다. 몇 차례 같은 동작을 반복한다.

그런데 자른 종이들이 쟁반 위로 떨어지지 않고 책상 위에 여기저기 흩어져 있자 연희는 잠시 멈칫한다. 그리고는 쟁반 가까이 몸을 기울여 다시 가위질을 한다. 간혹 쟁반 위에 잘려진 종잇조각의 길이가 길다 싶으면 다시 골라서 자르고 …… 어느새 처음에 가져온 긴 종이가 모두 잘려나갔다.

"됐어요." 연희가 선생님을 부른다. 선생님이 다가가 정리하는 법을 알려준다. "가위 먼저 가위집에 넣어요." "네, 가위집!" 연희는 새로 배운 '가위집'이라는 말이 재미있는지 '집'이라는 말을 특히 강조하며 말한다. 그리고는 선생님처럼 봉투에 자기가 자른 종잇조각을 주워 담는다. 담으면서는 계속해서 혼잣말을 중얼거린다. "집에 가서 엄마한테 선물 줄 거야."

"이제 뚜껑을 이렇게 접어요." 선생님이 봉투 끝을 마무리하며 알려준다. "선생님이 이름 적어줄게요. 잠깐만 기다리세요." 선생님이 펜을 가지러 간 사이 연희는 스스로 가위가 담긴 쟁반을 교구장에 갖다놓았다. 선생님이 천천히 연희의 이름을 봉투 위에 적어주자 연희는 봉투를 집어 들고 교실 입구에 있는 옷장으로 뛰어간다.

아이들은 손을 사용하는 것을 좋아한다. 손으로 만지고 두드리고 자르고 끊임없이 손을 움직이고 싶어 한다. 손은 운동기능과 지각기능을 갖추고 있어 느끼고 행동할 수 있는 섬세한 인체조직이다.

손은 모두 27개의 뼈로 구성되어 있는데, 손목을 원활하게 움직일 수 있도록 8개의 수근골이, 손바닥에는 5개의 중수골이 있다. 손가락 마디에는 관절이 있어서 손운동을 자유롭게 할 수 있도록 도와준다. 아이들의 소근육 운동은 손으로 모아지는 작은 관절들의 협응으로 가능하다. 손에는 또한 감각을 받아들이는 신경종말이 풍부하게 퍼져 있어서 환경으로부터 수집된 정보를 곧바로 대뇌에 전달할 수 있다. 이러한 이유 때문에 손은 제2의 두뇌라고 불린다.

montessori said

손은 직접적으로 인간의 정신과 관련되어 있다. 어느 개인의 정신뿐만 아니라 다른 시대, 다른 장소에 살고 있는 서로 다른 사람들의 정신세계와도 관련되어 있다. 손의 기술은 인간 정신의 발전과 연관되어 있으며, 우리는 그러한 사실을 문명의 발전과정에서 많이 찾아볼 수 있다. 인간의 손은 자신의 사상을 나타내며, 지구가 생겨난 이후부터 모든 위대한 문명의 시대는 그 시대의 대표적인 유물들을 남겼다.
아이의 지성은 손의 도움 없이도 일정 수준까지는 발달할 수 있다. 그러나 손의 도움을 받으면 더 높은 수준에 이를 수 있으며, 아이의 개성은 더욱 강해진다.

〈흡수정신 The Absorbent Mind〉

미나의 이유 있는 변덕(?)

관찰 어린이 25개월 된 미나
장소 한국 영유아반 교실

미나가 수도꼭지의 물을 틀고 혼자서 손을 씻는다. 멀리서 보니 수도꼭지를 틀어놓고 흐르는 물에 오른손을 적시고 다시 왼손을 적시며 한 손씩 왔다 갔다 하고 있다. 그리고는 비누도 만지고 물도 만지고 몇 차례 노는 듯 손을 씻는다.

선생님이 다가가 미나의 손 씻기를 도와주며 마무리한 뒤 "사과 자르기 하자"라고 말하자, 미나는 별 대답도 하지 않고 사과 자르기에 필요한 앞치마를 입으러 간다. 미나는 대답을 하기보다는 행동으로 자신의 의사를 표현하는 듯 보였다.

미나와 선생님은 사과 자르기 교구가 있는 교구장 앞에 섰다. "이렇게 들고 가는 거예요" 하고 선생님이 미나에게 사과 자르기 교구를 들고 가는 방법을 보여주는데, 미나가 갑자기 옆에 있는 펀치 뚫기 교구를 들고서는 "이거, 이거, 이거 할래" 하며 펀치 뚫기 교구를 책상 위로 가져온다.

미나가 책상에 놓인 펀치와 긴 색종이로 하트모양을 하나씩 만들고 있다. 먼저 긴 색종이를 펀치에 끼우고 두 손바닥을 겹쳐서 꾸-욱 누르자 하트모양의 종이가 나타났다. 미나는 아직 누르는 힘이 세지 않아서인지 종이가 모양 따라 선명하게 잘려지지 않았다. 선생님이 다시 시범을 보인다. 그제야 미나가 두 장을 뚫었다.

그런데 펀치를 누르다가 갑자기 미나의 시선이 다른 교구장에 멈췄다. “저거 해 볼래요.” 미나가 갑자기 의자에서 일어나 휙 가버린다. 선생님은 미나를 제자리에 데리고 와 “미나야 이거 정리하고 가기로 해요” 하며 하트모양의 종이는 예쁜 봉투에 넣고, 교구들은 쟁반에 담는다.

미나는 처음에 비밀주머니 교구를 하려고 했는데 막상 교구장 앞에 서서는 갑자기 옆에 놓인 교구를 보고 또다시 마음을 바꾼다. “이거 할래요.” 이번에는 사과 자르기 교구를 집어 든다. 사과는 아이들이 자르기 좋게 길게 잘려 용기 안에 담겨 있다. 선생님이 자르기 시범을 보여주려는데 미나는 벌써 여러 차례 해보았는지 익숙하게 칼을 들고 도마 위에 놓인 사과를 자른다. 그리고는 또 하나를 꺼내더니 자르고, 집게로 자른 조각을 하나씩 접시에 담는다. 그리고는 용기에 있는 사과를 몽땅 꺼내서 도마 위에 올려놓고 자르고 있다.

사과조각들이 너무 많이 도마 위에 쌓이자 선생님이 다가가 도마를 정리하자고 얘기하자 미나는 또다시 “저거 해 볼래요” 하며 벌떡 일어나 교구장 앞으로 간다.

미나는 호기심이 많은 아이다. 펀치 뚫기, 사과 자르기, 물고기 밥 주기 등 눈에 띄는 활동이면 뭐든지 하고 싶어 한다. 심지어 자신의 책상에 펼쳐진 교구도 버려둔 채 눈에 꽂힌 새로운 활동을 하고 싶어

한다. 그래서 이 시기 아이들과 함께하는 어른들은 아이들의 변덕(?)에 때로는 당황한다.

그러나 아무리 어린아이라도 아이들의 활동은 아이들의 선택으로부터, 아이들의 흥미로부터 시작하는 것이 중요하다. 아이들은 어른이 권하는 것보다 스스로 선택한 활동에 흥미를 보이고, 더욱더 집중해 몰입할 수 있기 때문이다.

montessori said

우리의 교육내용 중에 가장 중요한 요소는 모든 활동이 아이들에 의해 시작된다는 것이다. …중략…

아이들은 자기 일에 몰입하고, 교사는 아이들을 간섭하지 않는다. 교사의 임무는 교구를 제공하고, 교구에 대한 사용시범을 보이는 것만으로 충분하다. 그 뒤에는 아이들이 스스로 하도록 내버려두면 된다. 우리의 교육목표는 아이들에게 지식을 전달하는 것이 아니라 아이들의 정신능력을 키우는 데 있다.

〈가정에서의 어린이 The child in the family〉

접시를 닦으며 알게 되는 것들

관찰 어린이 28개월 된 하이디

장소 네덜란드 영유아반 교실

교실을 천천히 돌던 하이디가 한쪽에 마련된 식탁으로 간다. 낮은 선반에는 간식이 담긴 동그란 통이 있고, 그 앞에는 컵과 함께 물주전자가 놓여 있다. 하이디는 바구니 안에 놓여 있는 식탁매트를 하나 꺼내서 책상 위에 펴더니 접시 하나를 가져온다. 개수대에서 손을 씻고 간식통에서 오렌지 세 개와 호박파이 한 조각을 꺼내 접시에 담는다. 그리고는 식탁에 앉아서 냠냠 맛있게 먹는다.

이때 프레디가 식탁 가까이 다가갔다. 하이디는 먹다 말고 일어서서 프레디에게 식탁매트를 꺼내서 내민다. 프레디가 식탁매트 펼치는 것을 보고는 다시 자기 접시에 담긴 음식을 먹기 시작한다. 마지막으로 오렌지를 먹고 남은 찌꺼기를 쓰레기통에 버리고는 접시를 들고 개수대로 향한다.

혼자서 물을 틀고는 접시를 흐르는 물에 닦는다. 아직까지 손놀림이 익숙하지 않아 접시를 닦는 수준은 아니고 그저 흐르는 물에 이리저리 흔들고 있는 것처럼 보였다. 얼마나 지났을까? 하이디는 접시가 어느 정도 닦였다고 느꼈는지 수도꼭지를 눌러서 잠근다.

이제는 마른 행주가 걸려 있는 책상 가까이 간다. 마른 행주를 책상에 펼치고 동그란 선 안에 접시를 놓고는 행주의 네 귀퉁이를 한쪽씩 접는다. 네 귀퉁이가 접시 위에 모두 겹쳐지자 하이디는 작고

앙증맞은 손으로 꼭꼭 누른다. 집중해서 접시 앞면을 닦고 다시 뒤집어서 뒷면도 정성스럽게 물기를 닦은 뒤, 하이디는 접시를 처음 그 자리에 갖다놓았다. 아직도 끝나지 않은 걸까? 하이디는 젖은 행주를 들고 건조대가 놓여 있는 곳으로 향하고 있다.

0~3세는 앞으로 살아갈 인생에 있어서 기본 틀을 형성하는 가장 중요한 시기이다. 이 소중한 시기의 아이들에게 비싼 장난감만 사줄 것이 아니라 앞치마도 입혀주고 빗자루도 들려주고 접시도 닦게 하자. 아이들은 일상생활의 활동을 통해서 자발적 운동을 강화하고 두뇌를 발달시킨다. 이것은 돈 들여 배우는 어떤 두뇌학습보다 효과적이다.

움직이고 싶어 하고, 무엇이든지 모방하고 싶어 하는 아이들이 집안일을 거들겠다고 하면 흔쾌히 받아주자. 아이들이 다룰 수 있게 작은 청소도구를 마련하고, 꼭 필요한 동작만을 천천히 되풀이해서 아이에게 보여주자. 일상생활의 경험이 풍부한 아이는 자신이 살고 있는 사회와 문화에 보다 잘 적응할 수 있어 자신감과 자존감이 높은 아이로 성장할 것이다.

montessori said

움직이고 활동을 하면서 아이들은 기쁨을 발견한다. 기쁨을 느낀 아이들은 모든 활동에 열정을 갖고 집중한다. 만약 아이에게 문고리에 윤을 내라고 하면 마치 유리알처럼 반짝거릴 정도로 닦을 것이다. 심지어 먼지 털기나 걸레질 같은 단순한 집안일도 세심한 주의와 집중으로 잘해낼 것이다. 아이들을 이토록 열정적으로 이끄는 것은 활동의 성과가 아니다. 아이들 안에 잠재된 열정이 뿜어져 나오는 것이다. 즉 아이들이 얼마나 움직이고 어떻게 활동하느냐를 결정짓는 것은 바로 아이 안에 잠재된 열정과 관련이 있다.

〈가정에서의 어린이 The child in the family〉

아이가 세상을 빨아들이는 순간

관찰 어린이 30개월 된 선이

장소 한국 영유아반 교실

선이가 교구장에 가서 열쇠와 자물쇠가 담긴 바구니를 가져온다. 열쇠와 자물쇠는 쉽게 찾을 수 있게 두 쌍이 짝을 이뤄 가지런히 놓여 있다. "선생님, 선생님이랑 같이 해보자요" 하며 선이가 선생님을 부른다. 선생님이 다가가 "열쇠, 자물쇠" 하며 교구 이름을 알려주고 "열쇠로 자물쇠를 열어 볼게요" 하며 천천히 시범을 보여준다. 그러자 선이는 다른 열쇠와 자물쇠를 집어 들더니 "이건 내가 해볼게요" 하면서 열기를 시도한다. 다행이 자물쇠는 쉽게 열렸다. 옆에서 지켜보던 선생님이 "그럼 이제 다시 자물쇠를 잠가볼게요" 하며 자물쇠 잠그는 시범을 보여주고 아이 곁을 떠났다.

선이는 혼자서 자물쇠 열기를 시도한다. 그런데 선생님이 가르쳐 준 방법을 금세 잊었는지 열쇠를 자물쇠 구멍에 끼워 넣고는 돌리지 않고 그냥 힘으로 잡아당긴다. 자물쇠가 열리지 않자 선이는 "안 돼요!" 하며 큰 소리로 외친다. 다시 선생님이 다가가 여는 법을 보여주었다.

선이는 자물쇠에 열쇠가 꽂혀 있는 것을 보고 가방이 연상되었는지 갑자기 "가방이에요. 엄마 가방이랑 비슷하게 생겼네" 하며 자물쇠와 열쇠에 달린 줄을 흔든다. 다른 것도 잠그더니 "가방 됐다! 가방!" 하며 흔들고 열쇠와 자물쇠를 바구니에 넣더니 교구장에 갖다 놓는다.

선이는 다시 4~5조각으로 이루어진 퍼즐 상자를 책상 위로 가져왔다. 혼자서 퍼즐 맞추기를 시도한다. 하지만 잘 되지 않는지 "선생님, 이거 어떻게 넣어요? 이거?" 하며 입으로 중얼대면서 어떻게든 혼자 퍼즐을 맞춰보려고 애쓰고 있다. "다른 친구를 알려주고 있으니까 잠깐만 기다려주세요." 선생님이 기다리라고 하자 선이는 다시 퍼즐조각을 이리저리 대보며 집중하고 있다. 그래도 퍼즐조각이 잘 맞지 않자 선생님을 찾다가, 선생님이 금방 오지 않자 할 수 없이 혼자서 다시 퍼즐조각을 이리저리 돌려본다. 그러다가 퍼즐조각이 딱 맞춰졌다. 선이는 두 눈을 반짝이며 다시 혼자서 열심히 맞춘다.

얼마나 많은 어른들이 아이들 혼자서 진지하게 집중하는 모습을 본적이 있을까? 몬테소리 교실에서는 매일 이 기적 같은 일들이 일어나고 있다. 그래서 몬테소리 교실의 교구활동시간은 대체로 조용하다. 아이들이 각자 자신의 활동에 열중하고, 설령 친구와 함께하더라도 다른 친구들에게 방해되지 않는 정도로 자신을 조절한다. 선생님 또한 아이들의 집중을 방해하지 않도록 목소리와 몸가짐을 조심한다.

아이가 집중하는 바로 이 순간이 아이가 세상을 빨아들이는 순간이다. 아이는 타고난 정신적 본능으로 자기를 둘러싸고 있는 환경을 탐색하고 집중하며 그 모든 것을 빨아들인다. 이렇게 아이들은 자신의 발달을 완성해나간다.

한 땀 한 땀 바느질을 하며

관찰 어린이 30개월 된 애니
장소 네덜란드 영유아반 교실

애니가 교실에 들어서자마자 곧장 교구장 앞으로 간다. 그리고는 바느질 상자와 매트를 들고 가 책상 위에 놓는다. 애니는 선생님에게 도움을 요청하듯 주변을 둘러보고 있다. 그때 선생님이 다가갔다. 바느질할 종이와 실 뭉치와 바늘통이 준비되어 있다. 선생님이 실 뭉치에서 실 한 올 꺼내는 법을 알려주자 애니는 "애니 꺼" 하며 실을 쭉 뽑아 한 올 꺼낸 뒤 자신이 가져온 종이 위에 놓는다.

"이제 바늘을 꺼내보기로 해요. 바늘은 바늘통에 들어 있어요." 선생님은 바늘통을 가볍게 흔들어 보여주면서 뚜껑을 연다. 그리고는 바늘통을 천천히 뒤집으면서 바늘이 매트 위에 떨어지는 걸 보여준다. 선생님이 다시 바늘통에 바늘을 담고 "애니도 한번 꺼내보세요" 하고 바늘통을 애니에게 내민다. 애니는 거칠게 뚜껑을 열더니 바늘을 꺼낸다. 선생님은 바늘 끝을 가리키며 "바늘 끝은 뾰족하고 위험하니까 여기다 꽂아두기로 해요" 하며 바늘꽂이를 가리킨다.

선생님이 바늘꽂이에 바늘을 꽂아두고 실 끝을 잡고 바늘구멍에 실을 꿰어보인다. 그리고는 매듭짓는 법을 보여준다. "그럼 선생님이 먼저 바느질을 해 볼게요" 하고는 종이에 바늘을 꽂는다. 두 차례 바늘이 들어갔다 나왔다 한 뒤 마지막 한 땀은 애니가 바늘을 꽂고 실을 잡아당겼다. 바느질을 끝낸 애니가 바늘을 바늘꽂이에 꽂자 "이제 실을 잘라야 해요" 하며 선생님은 가위를 꺼내더니 애니에게 쥐어준다. 선생님이 실을 팽팽하게 잡아주자 애니가 실을 잘랐다.

그때 교실 입구에서 문소리가 났고 선생님은 문가로 갔다. 선생님이 없는 사이 애니는 종이에 바늘을 꽂으려고 시도하고 있다. 바늘이 작은 구멍 안에 들어가자 애니는 바늘을 세게 잡아당겼다. 그러자 종이가 찢어졌다. 애니는 다시 구멍에 바늘을 꽂으려고 시도했지만 잘 되지 않자 바늘을 두고 벌떡 일어난다.

하지만 책상 위에 바느질 교구들이 여기저기 펼쳐져 있는 것을 보고 바느질 상자를 정리해야겠다는 생각이 들었는지 하나둘씩 상자에 담는다. 그때 다시 애니 곁에 다가간 선생님이 "애니야. 이거 잘 안 됐어요? 선생님이랑 같이 해볼까요?"라고 말을 건네자 애니는 다시 의자에 앉는다. 애니와 선생님은 바느질을 마치고 종이에 날짜와 이름을 써서 작품 보관 상자에 넣었다.

아이들에게 바느질 활동은 무슨 의미가 있는 걸까? 물론 어른들이 상상하는 얇고 가는 바늘로 한 땀 한 땀 뜨는 촘촘한 바느질이 아니라 돗바늘을 사용한 어린아이들에게 적합한 바느질 활동이다.

우선 바느질 활동에는 많은 손동작이 필요하다. 바늘에 실을 꿰고, 한 땀 한 땀 바느질을 하고, 실을 자르는 등등. 이 많은 과정을 어린아이가 한다는 게 불가능해 보이지만 한 단계 한 단계 동작을 분리해서 천천히 보여주면 20개월 정도 된 아이도 바느질을 할 수 있다. 바느질 활동은 아이들의 눈과 손의 협응능력을 길러주고 손가락 운동의 발달을 돕는다.

또한 이 시기 아이들은 다양한 활동을 경험할 기회가 필요하다. 손을 쓰고 몸을 움직일 뭔가 할 일이 필요하다. 아이의 움직임은 몸과 머리로 주변 환경을 탐색하고 소통하기 위한 도전이다. 아이에게 마음껏 움직일 수 있는 기회와 시간을 주자.

리듬을 타고 춤을

관찰 어린이 13개월~36개월 아이들

장소 이탈리아 영유아반 교실

교실에 있는 아이들은 각자 무언가를 하느라 분주하다. 빨래집게를 열었다 닫았다 하는 아이, 상자 속에 공을 집어넣는 아이, 인형에게 비누칠을 해가며 목욕을 시키고 있는 아이 등, 각자가 열중하며 놀이에 빠져 있다.

그런데 조용하던 교실에 갑자기 잔잔한 피아노 선율이 흐른다. 피아노 소리에 아이들은 고개를 들고 주위를 둘러보더니 음악선생님이 피아노 앞에 앉아 있는 것을 보고는 즐거운 듯 "선-생-님!" 하고 부른다. 음악선생님은 교구활동시간이 끝날 때쯤 음악으로 아이들에게 생기를 불어넣어 준다. 하나둘 아이들이 하던 일을 정리하고는 피아노 앞으로 모여든다.

첫 곡은 기도 음악처럼 조용하다. 아이들은 기도하듯 작은 두 손을 모으고 다른 선생님을 따라 원 모양으로 돌고 있다. 피아노를 치는 선생님과 피아노 소리에 따라 몸을 움직이며 아이들과 함께 노래 부르는 두 분의 선생님이 있다.

이 시간에 아이들은 자유롭게 자기가 하고 싶은 대로 한다. 선생님의 움직임과 똑같이 하려고 진지하게 선생님을 바라보며 따라하는 아이, 걸으면서 계속 나를 힐끔힐끔 곁눈질하는 아이, 피아노 소리의 울림이 신기한 듯 피아노 곁을 떠나지 않는 아이 등등. 교실 한쪽에는 아직도 교구활동을 하느라 혼자 의자에 앉아 끼우기에 열중해 있는 아이도 있다.

잠시 뒤 아이들은 악기함에 가서 타악기 종류를 하나씩 들고 왔다. 탬버린, 작은북, 트라이앵글, 리듬 막대 등 20여 명의 아이들이 각자 하나씩 악기를 들고 리듬에 맞춰 박자를 치고 있다. 30여 분이 지나도록 아이들은 흩어지지 않고 피아노 소리에 맞춰 몸을 움직이며 음악을 즐기고 있다.

이번에는 깃발을 들고 행진한다. 아이들은 깃발을 하나씩 들고 씩씩하게 교실을 걷는다. 각국의 깃발들이 아이들 손에서 펄럭이고 아이들은 신이 나서 둥글게 친구들을 따라 돌고 또 돈다. 한 아이가 넘어지는 순간 피아노 소리가 멈췄다. 그러나 곧바로 자리를 정돈하고 아이들은 신 나게 달리는 말이 되어 교실을 돌고 있다.

아이들은 신 나는 음악이 나오면 자연스럽게 몸을 흔들고 리듬을 탄다. 다양한 악기와 노래 소리에 아이들은 저절로 몸이 움직인다. 아이들은 이러한 움직임을 통해 자신의 몸의 각 부분을 보다 잘 인식할 수 있고, 즐겁고 행복한 마음으로 자기 몸으로 표현하는 동작에 자신감을 갖는다.

또한 음악과 움직임은 두뇌발달을 자극한다. 그래서 이 시기 아이들에게 필요한 음악교육은 음악을 위한 음악이 아니라 운동발달을 자극할 수 있는 음악교육이 적합하다. 아이들은 음악을 들으면서 몸을 움직이고, 이러한 음악적 자극과 운동적 자극으로 인해 두뇌 시냅스의 결합은 더욱 강화된다. 아이들이 신 나게 움직일 수 있도록 음악을 틀어주자.

montessori said

음악은 아이들이 천천히 그리고 지속적인 운동을 하도록 격려하며 이끌어준다. 아이가 균형감각이 생겼을 때 리듬에 대한 교육은 일단 시작된 것이다.

흔들리는 요람으로 비유되는 많은 자장가는 느리고 규칙적인 동작에 알맞은 반주가 되어준다. 동작에 음악이 덧붙여지면 안정된 걸음걸이에 어울리는 반주 역할을 한다.

〈어린이의 발견 The discovery of the child〉

예쁜 침대에서 아이를 구하자

엄마의 배 속에서 열 달 동안 안락하게 생활하던 아이가 태어났다. 이제 아이는 낯선 세상에 대한 탐험을 시도할 것이다. 과연 우리는 이제 막 탐험을 시작하는 이 아이를 어떻게 도울 것인가?

몬테소리가 믿는 참교육의 시작은 성장하는 아이들의 발달 법칙에 따라 아이들에게 자유로운 활동을 허용하고, 아이들을 이해하기 위해 관찰하고 연구하는 것으로부터 출발한다. 나아가 아이들의 내적 생명의 원리를 이해하고 발달을 돕는 환경을 만들어주는 것이다.

그렇다면 우리는 먼저 아이들을 둘러싸고 있는 환경을 검토해봐야 한다. 제일 먼저 고려해야 할 것은 잠자리이다. 침대를 마련할까? 이부자리를 마련할까?

이제 막 태어난 아이에게는 떨어질까 봐 울타리를 쳐놓은 예쁜 감옥 같은 침대는 적당하지 않다. 한창 주변에 관심을 갖고 두리번거리는 아이의 시각발달을 방해할 뿐만 아니라 이리저리 몸을 움직이고 싶어 하는 아이의 자발적 의지와 운동능력마저 떨어뜨린다.

아이의 잠자리는 열린 공간이어야 한다. 말하자면 우리나라의 이부자리와 같은 것이 적당하다. 아이는 안심하고 움직일 수 있는 공간이 주어진다면 비록 신생아라 할지라도 아주 천천히 원운동을 할 수 있다. 이렇게 자연스럽게 자신의 환경에 익숙해진 아이들은 열려 있는 시야로 모든 것을 흡수하고, 쉴 새 없이 움직이며 점차 자신의 몸을 스스로 일으켜 세워 더 넓은 곳으로 나아갈 수 있게 된다.

침대문화에 익숙한 서양 사람들도 이제는 아이의 발달단계를 고려해서 아이가 자유롭게 이동할 수 있는 넓은 카펫을 준비한다. 그들에게 이런 변화는 가히 혁명적이라고 할 수 있는 사고의 전환이다. 방바닥을 쓸고 닦고 하는 우리네 생활양식에서는 당연한 이야기겠지만, 집안에 들어갈 때도 신발을 신고 들어가는 서양문화에서 어린아이를 위해 신발을 벗는다는 것은 오랜 습관을 버려야 하는 수고로움이 따르는 귀찮은 일이다. 그럼에도 그들은 변하고 있다.

그렇다면 우리의 모습은 어떠한가? 아장아장 걷는 아이들에게는 더 없이 좋은 온돌문화를 거부하고 갓난아이의 필수품인양 예쁜 침대를 사다가 우리의 소중한 아이들을 가두고 있다. 진정으로 아이의 몸과 마음이 성장하기를 기대한다면 예쁜 침대에서 아이를 구하고 마음껏 움직일 수 있는 우리의 이부자리를 다시 펼쳐주자.

마음껏 움직일 수 있는 기회와 충분한 시간을

0~3세 아이들의 발달과정에서 우리가 특히 중요시하는 운동의 형태는 의지에 따른 목적의식적인 운동인 자발적 운동이다. 이 시기 아이들의 기능은 미숙하기 때문에 스스로의 움직임을 통해 발전하고 숙련되는 데 초점이 있다.

많은 사람들이 운동하면 걷기, 달리기, 뛰기 등 신체적인 영역으로만 생각하기 쉽다. 그러나 운동은 두뇌와 밀접한 관련이 있다. 아이는 눈으로 보고 대뇌에서 판단하고 근육을 움직여 운동을 한다. 아이의 움직임은 대뇌의 판단에 따라 이루어진 것이다.

일찍이 몬테소리는 '운동은 신경계의 도달점'이라고 하였다. 곧 운동을 통해 정신을 높은 데까지 끌어올릴 수 있고, 운동 없이는 정신의 진보를 이룰 수 없다고 믿었다. 18개월쯤 된 아이들을 관찰해보자. 제법 신체 균형을 잡고 손과 발의 움직임이 자유롭게 되자 아이들은 자신이 강한 아이라고 믿는다. 그래서 무언가 하려고 할 때는 최선을 다해서 한다. 먼 거리도 계속해서 걸으려 하고, 무거운 물건도 낑낑대며 운반하려고 애를 쓴다.

아이는 움직이고, 만지고, 입으로 갖다 대고, 냄새 맡고, 보고 들으며 세상을 이해하기 시작한다. 아이의 움직임은 몸과 머리로 주변 환경을 탐색하고 소통하기 위한 도전이다. 따라서 어른들은 아이를 위한 적당한 환경을 마련해주고, 아이에게 마음껏 움직일 수 있는 기회와 충분한 시간을 주어야 한다.

아이 스스로 자신의 의지와 노력으로 얻은 성취감은 아이를 진정으로 성장시킬 수 있다. 아이의 성취감과 운동능력이 발달할수록 아이의 근육은 단단해지고 이를 돕는 두뇌의 조정 역할 또한 더욱 성장한다.

탄생에서 5개월

누워 있는 아이에게는 마음 편히 자유롭고 안전하게 움직일 수 있는 바닥이 필요하다. 바닥에 배를 대고 뒤집기를 하는 동안 아이의 상체 근력운동은 발달한다. 아이의 눈높이 정도 벽에 거울을 달아주면 아이는 자신의 움직임을 관찰하면서 쉴 새 없이 움직인다. 또한 목 근육이 강화되면서 무거운 머리를 버틸 수 있는 힘을 얻게 된다.

누워 있는 아이에게 또 다른 중요한 환경은 모빌이다. 아이들은 모빌의 움직임에 따라 초점을 맞추고 움직임을 쫓아가는 시각적 훈련을 할 수 있다. 약 3개월 때부터는 손을 움직이기 시작할 것이다. 아이에게 움직이려는 동기부여를 제공하는, 손이나 발로 찰 수 있는 모빌을 달아준다. 또한 점차 잡을 수 있는 다른 딸랑이 종류의 장난감을 제공한다.

열린 공간에서 몸을 움직이고 싶을 때 마음껏 움직일 수 있도록 해주고, 움직임에 방해가 되지 않는 가벼운 소재의 옷을 입혀준다.

5개월에서 12개월

아이는 지금 자기 몸의 체계를 창조하고 있다. 아이의 움직임을 방해할 수 있는 물품은 모두 치운다. 안전울타리, 보행기, 아기침대, 그네 등은 좁은 공간에 아이를 가둔 채 결국 아이가 한정된 움직임만 반복하게 한다. 이러한 기구들은 또한 아이가 스스로의 노력으로 성취해 내는 기쁨을 얻기도 전에 앉거나 서고, 걷게 만들어 아이들에게 자신의 신체발달에 대한 이해를 왜곡하게 만든다.

아이가 기어 다니고, 도움을 받아 걷기 시작할 때 아이의 탐험은 창의적으로 열린 공간을 필요로 한다. 5센티 직경 정도의 나무로 만든 봉을 벽에 설치해 아이가 잡을 수 있게 하면 근력과 안정감을 얻을 수 있다. 혹은 무거운 의자나 무거운 테이블, 소파 등을 집안에 두어 아이가 스스로 잡고 서서 걸을 수 있도록 환경을 마련한다.

12개월 전후로 걸음마를 배우는 아이들이 움직여 운동하기에 좋은 넓은 공간을 찾아간다. 아이가 걸어볼 수 있는 충분한 시간을 주고 되도록이면 유모차 사용을 줄인다. 우리가 서두르지 않고 재촉하지 않는다면 아이는 충분히 먼 거리도 걸을 수 있는 능력이 있다.

모든 아이는 자신의 속도에 따라 다르게 발달한다. 따라서 개별적인 발달 속도를 존중하고 기다려주어야 한다. 또한 아이가 하고자 할 때 하고 싶은 만큼 반복하도록 지켜봐준다. 반복에 반복을 거듭하면서 끝내 아이는 성취할 것이고 발달을 이루어낼 것이다. 이때는 아이의 대근육뿐만 아니라 소근육 또한 발달되어 엄지와 집게손가락으로 물건을 집을 수 있다. 따라서 손으로 할 수 있는 다양한 활동을 제공하고 아이가 삼킬 수 없는 적당한 크기의 얇고 작은 부피의 물건을 주어 자주 손가락을 사용하도록 돕는다.

12개월에서 36개월

이 시기 아이들에게는 대근육 활동을 할 수 있는 공간과 시간이 필요하다. 아이들은 지금 환경으로부터 흡수한 모든 움직임이 가능하다. 아이가 자신의 몸을 충분히 움직일 수 있도록 다양한 활동을 마련해준다. 일상생활에서 시도할 수 있는 선반 먼지 닦기, 바닥 쓸기, 양말 빨기, 식사 뒤 그릇치우기, 옷 개고 정리하기, 식탁준비 하기 등을 어떻게 하는지 아이가 정확히 알 수 있도록 보여준다.

아이는 한계 안에서 자유가 주어져야 한다. 자유와 한계(제한)는 동전의 양면이다. 자유를 주는 만큼 한계도 알려주어야 한다. 한계는 금지가 아니라 아이의 활동범위를 정해주는 것이다. 아이에게 안전을 보장하고 혼란을 피하게 하며 자기 확립을 보다 굳건하게 하는 데 도움을 주기 때문에 한계를 정하는 일은 무척 중요하다. 아이와 함께하는 모든 어른들은 아이의 활동을 강화시킬 수 있는 한계의 범위를 미리 생각하고 적절히 조절해주어야 한다.

인간은 두 번의 태아기를 거친다

몬테소리는 "인간은 두 번의 태아기를 거친다"고 하였다. 그 하나는 태내에서 열 달 동안 인간의 모양을 갖추기 위한 육체적 탄생이며, 다른 하나는 탄생 후 3년 동안 인간이 되기 위한 과정인 정신적 탄생을 의미한다. 그래서 몬테소리는 갓 태어난 아이에게 주어지는 첫 손길은 육체적 삶에 대한 것이 아니라 정신적 삶을 위한 것이라고 강조한다.

'정신적 태아기'

인간의 아이는 외부생활에 대한 준비가 부족한 상태에서 엄마의 자궁을 떠나온다. 갓 태어난 아이는 엄마의 가슴에 밀착하여 젖을 빨고, 우유를 삼키고, 엄마의 관심을 끌기 위해 울고, 호흡을 하는 정도의 생존에 꼭 필요한 능력만 갖추고 있다. 신체발달이 완결되려면 오랜 시간이 필요하다. 어떤 동물도 아무 힘없이 보호받아야 하는 상태를 그토록 오래 거치지 않는다. 인간의 아이가 동물과 달리 정신적으로나 신체적으로 완전하지 못한 상태에서 태어나는 이유는 무엇일까? 몬테소리는 여기에 인간과 동물을 구별 짓는 결정적인 차이가 있다고 말한다.

병아리는 알에서 깨어 나오면 어미가 가르쳐주지 않아도 먹이를 쪼는 방법을 안다. 송아지는 태어나자마자 걷는다. 동물은 본능에 따라 고정된 행동양식과 동작을 가지고 태어난다. 하지만 인간은 그렇지 않다. 인간은 자연적 존재인 동시에 문화적 존재다. 살아가는 시대와 조건에 따라 사고방식과 언어, 문화, 행동양식이 다 다르다. 인간 특유의 행동양식은 살아가면서 체화되어야 한다. 만약 인간도 동물처럼 본능에 따른 고정된 행동양식을 가지고 태어난다면 누구도 자신이 사는 시대와 조건에 적합한 인간으로 성장할 수 없다.

몬테소리는 이를 두고 출생 이전을 '육체적 태아기'로, 출생 이후는 정신적으로 또 다른 태아기를 거쳐야 하는 단계에 있다고 하여 '정신적 태아기'라고 불렀다. '정신적 태아기'에 아이는 신체기관, 동작, 언어, 지성 등 인간이라는 복잡한 존재와 그에 따른 정신적 기능들을 창조해나간다. 태어나 스스로 할 수 있는 게 거의 없던 무(無)의 상태에서 인간이 갖춰야 할 모든 것을 이루는 유(有)의 상태를 창조하는 것이다.

"분명 이 시기는 창조의 시기이다. 왜냐하면 그 전엔 분명 아이에게 아무것도 존재하지 않았기 때문이다. … 중략 …

그런데 조금 지나면 모든 것이 성장한다. 처음에는 정말로 아무것도 없었다. 그야

말로 제로에서 시작한다. 목소리조차 갖지 않은 상태에서 태어나는 것 같다. 인간에 비해 보잘 것 없는 새끼고양이도 태어나면서 서툴게나마 야옹 하며 울고, 새나 송아지도 어설프게나마 소리를 낼 줄 아는데 말이다. 아이가 가진 유일한 표현수단은 울음뿐이다. 인간에게 있어 발달은 단순한 발달만이 아니다. 그것은 제로에서 시작하는 창조인 것이다."

<흡수정신 the absorbent mind>

아이는 스스로를 창조한다

0~3세는 강한 생명력에 의해 발달이 이루어지는 창조의 시기이다. 아이의 존재를 구성하는 대부분이 이 시기에 만들어지기 때문이다. 그렇다면 이 놀라운 성취를 이룰 수 있는 힘은 과연 어디서 나오는 것일까?

몬테소리는 아이들 마음속에는 '내면의 선생님'이 있어서 아이들을 발전된 방향으로 이끈다고 말한다. 이 '내면의 선생님'은 자연이 선사한 일종의 '설계도'로 아이들 내부에서 자라는 생명충동이다. 아이들은 이 발달지침에 따라 적절한 시기에 인간으로서 갖춰야 할 능력을 획득해나간다. 지역에 관계없이 세계 어디에서나 아이들이 비슷한 시기에 옹알이를 하고, 일정한 발달단계를 밟는 이유가 여기에 있다.

그렇다면 발달은 저절로 이루어지는 것일까? 그렇지 않다. 몬테소리는 발달을 이끄는 것은 '내면의 선생님'이지만 그 가능성을 실현하는 일은 아이 스스로 수행한다고 말한다. 그리고 그 일은 아이가 태어날 때부터 가지고 있는 '외부 세계와 관계를 맺을 수 있는 정신적 본능'으로 시작된다고 보았다. 즉 태어날 때 아이는 육체만 있는 게 아니라 정신능력이 감춰진 정신적인 존재라는 것이다.

태어나자마자 아이는 타고난 정신적 본능으로 엄마 배 속과는 전혀 다른 환경을 탐색하고 연구하여 엄청난 양의 정보를 수집하고 축적한다. 이때 외부의 환경과 자극이 제공하는 수많은 정보들은 아이가 자신이 태어난 환경과 역사적 시대에 맞게 적응할 수 있도록 떠받치는 밑바탕이 된다. 그리고 이 시기의 정신발달은 곧 인간이 갖춰야 할 모든 것을, 아이 스스로를 창조하는 과정이다.

이렇듯 아이가 타고난 정신의 힘으로 환경과 상호작용하면서 자신의 육체 안에 '정신의 근육'을 만들어나가는 과정을 몬테소리는 '내면화'라고 하였다. 아이는 '내면의 선생님'이 이끄는 대로 자신의 발달을 완성해나간다. 생후 1년이 되면 동작, 언어, 지성의 모든 면에서 놀랄 만큼 성장한다. 생후 2년이 되면 육체적 존재는 거의 완성되고 동작도 결정되기 시작한다. '내면화'는 어른들이 생각하는 것처럼 아이가 단지 무력한 존재가 아니라는 사실을 말해준다.

몬테소리는 말한다. "지금 우리가 소유하고 있는 정신능력은 우리가 한때 지나온 두 살짜리 아이에 의해 구축된 것"이며 "가장 중요한 능력은 세상에 태어나고 첫 2년 안에 다 갖춰진다"고. 그리고 이 모든 일을 수행하는 건 아이 자신이다. 아이는 스스로를 완성하는 '위대한 인간 건축가'인 것이다.

chapter 2

스스로 하고 싶어 하는 아이들

아이들은 무엇이든지 스스로 하고 싶어 한다. “내가, 내가” 하며 어른의 도움 없이 혼자 신발을 신으려 하고 옷을 입으려 한다. 그런데 아이의 이러한 성장욕구를 이해하지 못한 어른들은 스스로 옷을 입을 수 있는 아이에게 옷을 입히고, 스스로 걸을 수 있는 아이를 유모차에 태운다. 이때 성장하고자 하는 건강한 아이들은 항상 “내가 하고 싶어요. 내가!”를 외친다.

“내가 하고 싶어요. 내가!”

관찰 어린이 18~36개월 아이들

장소 이탈리아 영유아반 교실

마당에 나가기 전에 선생님이 외투입기를 연습해보자고 제안했다. 교실에서 가장 커 보이는 줄리아가 제일 먼저 옷장 앞에 가서 외투를 꺼내 입는다. 선생님과 다른 동생들이 잘했다고 박수를 쳐주자 줄리아는 흐뭇한 표정으로 선생님 가까이 다가간다.

다음은 30개월 된 마리오다. 혼자서 옷을 입어보려 하지만 잘 되지 않는다. 지켜보던 선생님이 다가가 마리오의 옷깃을 잡아주자 마리오는 팔을 차례대로 넣고 겨우 옷을 입었다. 선생님이 농담처럼 “마리오는 혼자서 옷도 못 입는구나” 하자 마리오의 얼굴은 금세 우울한 표정으로 바뀌었다. 이제 2세쯤 된 아이들이 경쟁적으로 혼자서 옷을 입어보겠다고 “저요! 저요!”를 외치고 있다. 하지만 아이들의 몸이 말처럼 쉽게 따라주질 않는다.

프란체스코는 줄리아와 단짝이다. 줄리아가 멋지게 혼자서 옷 입는 모습을 본 프란체스코는 줄리아 앞에서 자신도 훌륭하게 해내는 모습을 보이고 싶은지 다른 친구들보다 큰 목소리로 “저요!”를 외친다. 선생님이 프란체스코를 불렀다. 프란체스코가 친구들 앞에 섰다. 서서 외투의 한쪽 팔을 끼우고 다른 쪽 팔을 끼우려고 하는데 자꾸 거꾸로 끼워진다.

보다 못해 마음이 급한 한 선생님이 나서서 프란체스코의 다른 쪽 팔을 외투에 끼워주었다. 프란체스코는 "내가, 내가" 하면서 거부했지만 옷은 이미 입혀졌다. 만족하지 못한 프란체스코는 옷을 다시 벗으며 "내가 하고 싶어요. 내가!"라는 말을 반복하면서 다시 옷 입기를 시도하고 있다.

아이들은 스스로 하고 싶어 한다. 아이들은 말한다. "내가! 내가!" 그들은 자신이 갖고 있는 발달의 가능성이 올바로 실현될 수 있도록 기다려 달라고 외친다. 옷을 입혀주는 것이 아니라 스스로 옷을 입을 수 있도록 인내심을 갖고 믿고 지켜봐주기를 간절히 바란다.

어른들은 아이의 성장에 대한 욕구를 이해하지 못하기 때문에 스스로 하려는 아이들의 의지를 꺾고 어른들이 아이의 활동을 대신한다. 어른의 가치관으로 최소한의 노력과 시간의 경제성을 강조한다. 하지만 성장하고자 하는 아이들은 항상 "내가 하고 싶어요. 내가!"를 외친다.

사실 아이들은 스스로를 창조하는 활동을 할 때는 지치지 않고 완전히 몰입해 스스로의 능력을 키워나간다. 창조적인 활동이 아이들의 의욕을 끌어올리기 때문이다.

montessori said

새로운 교육은 먼저 아이를 발견하고 해방시키는 데 있다. … 중략 … 가장 중요한 것은 아이의 성장을 돕는 환경조성이다. 아이에게 적합한 환경에서 아이들은 잠재된 능력을 발휘할 수 있기 때문이다. 어른도 이러한 환경의 일부분이다. 어른은 아이의 필요에 맞추어야 하며, 아이가 스스로 할 수 있도록 도와야 한다. 그리고 아이가 성장에 필요한 본질적인 활동을 할 때 그 활동을 대신해서는 안 된다.

〈어린이의 비밀 The secret of childhood〉

뭐든지 열심히 하는 아이, 타로

관찰 어린이 12개월 된 타로

장소 일본 영아반 교실

이 교실에는 목을 가누기 시작한 2개월 된 어린아이부터 13개월까지의 아이들이 모여 있다. 타로는 12개월 된 남자아이이다. 아직은 혼자서 걷지 못하는 듯 교실에 놓여 있는 봉을 붙들고 걷기 연습을 하고 있다. 그리고는 자세를 바꾸어 기어서 낮은 계단과 미끄럼이 있는 교구 틀에 올라가 멈춰 있다.

얼마 뒤 타로는 기어서 책상 쪽으로 다가갔다. 선생님은 타로를 의자에 앉히고 교구장에서 얇은 칩과 상자가 놓여 있는 쟁반을 가져왔다. 천천히 상자뚜껑을 열고 칩을 꺼내 하나씩 구멍에 넣는 모습을 타로에게 보여준다. 타로는 칩을 집어서 구멍에 넣고 다 넣은 뒤에는 다시 상자에서 꺼내기를 반복하고 있다. 어느 때는 뚜껑을 잘

열다가도 어느 때는 뚜껑이 열리지 않는지 상자를 들어 책상 바닥에 탁탁 치며 칩을 꺼내려고 애를 쓴다. 꺼내서 넣고, 꺼내서 넣고를 한 지 10여 분이나 지났는데도 타로는 계속 열중하고 있다.

한 아이가 엉금엉금 기어서 타로 가까이 다가가더니 타로가 하는 것을 본다. 곧 다른 아이도 타로 옆으로 다가가 상자를 만지려고 손을 뻗친다. 두 명의 아이가 타로를 부러운 듯 바라보자 선생님은 타로가 충분히 교구를 만지고 놀았다고 생각했는지 교구를 다른 아이에게 밀어주었다. 그러자 타로는 "아-앙" 하고 울음을 터트렸다.

교실 한쪽에서는 아이들 두세 명이 식탁 앞에 앉아 간식 먹을 준비를 하고 있다. 식탁 위에는 작은 매트가 놓여 있고, 그 위로 접시와 컵들이 놓여 있다. 접시는 플라스틱이 아니라 자기류 접시이고, 물컵도 유리컵이다. 선생님이 음식을 쟁반에 가져온다. 오늘 간식은 삶은 감자와 배다. 모두 아이들이 먹기 좋게 잘려 있다.

접시 위에 간식을 조금씩 덜어주자 아이들은 포크가 옆에 있는데도 손으로 집어먹는다. 한 돌이 채 안 된 아이들이지만 누구도 선생님이 먹여주지 않고 아이들이 스스로 먹는다.

먼저 간식을 먹기 시작한 아이들이 다 먹어갈 무렵, 선생님은 타로를 데리고 세면대로 갔다. 잠시 뒤 선생님이 타로를 식탁 앞 의자에 앉혔다. 타로 앞에 접시와 물컵이 놓이고 선생님이 간식을 접시 위에 올려주자 타로는 배가 고팠던지 손으로 집어서 열심히 먹는다. 타로는 모든 일에 아주 의욕적인 아이처럼 보인다.

montessori said

어린아이들을 위한 작은 식탁에 함께 앉아주고, 어린아이들이 음식을 먹을 수 있는 충분한 시간을 준다면, 그 사람은 아이들이 숟가락을 자기 입에 넣으려고 손을 내미는 것을 볼 수 있을 것이다. …중략… 이제 막 혼자 먹기 시작한 아이들은 어떻게 먹는지를 알지 못할 뿐만 아니라 먹고 나면 지저분해지는 것이 당연한 일이다. 어른들은 어린아이들이 자유롭게 행동할 수 있도록 청결에 대해서는 눈을 감아야 한다. 자연스러운 성장과정을 거치다보면 아이들은 스스로 자신의 행동을 보다 완벽하게 할 수 있고, 더럽히지 않고 먹는 법도 터득하게 된다. 이런 과정을 통해 얻어진 청결이야말로 참된 성장을 보여주는 것이고, 아이가 성취감을 맛보게 하는 길이다.

〈가정에서의 어린이 The child in the family〉

흥미 있고 하고 싶은 활동

관찰 어린이 23개월 된 은주

장소 한국 영유아반 교실

오른손, 왼손 번갈아가면서 크레파스로 끄적거리던 은주가 선생님 곁으로 다가간다. 그리고는 손에 묻은 크레파스를 선생님 앞에 보여준다. "손에 크레파스가 묻었네. 손 씻자!" 선생님이 은주를 세면대로 데려갔다.

은주는 세면대 앞에 다가가서 수도꼭지를 틀어본다. 선생님이 비누를 꺼내주자 열심히 혼자서 비누칠을 한다. 마침 지나가던 언니가 "은주야, 뭐해?"라고 묻자 은주는 "손 씻는 거야!"라고 큰 소리로 대답한다. 비누칠을 너무 많이 하고 있는 은주를 보고 선생님이 "비누 주세요"라고 말하자 은주는 어눌한 발음으로 "시어요" 한다.

선생님이 가까이 다가가서 손 씻는 법을 은주에게 보여준다. 손바닥에 비누칠을 하고 손등도 문지르고 손가락 하나하나를 꼼꼼히 문시른다. "이제 헹궈볼게요" 하며 선생님이 시범을 보인 후 은주에게 "은주도 해보세요" 한다. 선생님은 가고 없지만, 은주는 선생님이 보여준 모습을 기억하고 있는 듯 열심히 손가락을 닦고 있다.

손을 다 씻은 은주는 책꽂이로 다가가 책을 한 권 꺼내와 읽는다. 얼마 뒤, 선생님이 산책 갈 시간을 알리는 종을 치자 아이들은 하던 일을 정리하고 교실 입구로 모였다. 외투를 입은 친구들은 다른 친구들이 옷을 입을 때까지 카펫 위에서 선생님과 노래를 부르고 있다. 선생님이 "은주야 쉬하고 산책 가자" 하니까 은주는 읽고 있던 책을 선생님에게 건넨다.

그러다가 이번에는 벽에 꽂힌 자기 칫솔을 보고 입에 문다. 선생님이 다가가 "지금은 산책 가야 하니까 칫솔은 제자리에 놓아요"라고 말하지만 은주는 "아니야!"라고 소리를 지른다. 모두가 나갈 준비를 하고 있는데도 은주는 여전히 칫솔을 입에 물고 산책갈 준비를 하지 않는다. 선생님은 개수대로 다가가 "은주야, 양치질 한 번 할까? 두 번 할까?" 하니까 두 번이라고 한다. 끝내 은주는 양치질을 두 번 하고 산책을 가기 위해 문가로 나섰다.

몬테소리 교육의 일상생활 활동의 하나인 손씻기는 자신에 대한 배려활동에 속한다. 이러한 활동으로는 옷 입고 벗기, 머리빗기, 양치질하기, 코풀기, 구두닦기 등이 있다.

옷 입고 벗기 활동을 위해서는 찍찍이, 지퍼, 큰 단추, 똑딱단추, 혁대 고리와 같이 아이들 옷에 달린 여러 가지 잠금장치를 배울 수 있는 옷 틀이 교구로 마련되어 있다.

아이들은 교실에 들어설 때부터 이러한 활동을 시작한다. 아이들은 자신의 몸과 옷차림에 무척 흥미를 보이고 가정에서 늘 접하기 때문에 특히 스스로 하고 싶어 하고 관심도 많다.

montessori said

우리는 아이들의 손이 닿을 수 있어서 마음대로 선택할 수 있는 낮은 교구장에 교구를 옮겨놓았다. 아이들이 하고 싶은 것을 스스로 선택할 수 있게 하기 위해서다. 여기서 연습의 반복이라는 기본원리에 이어 자유선택의 기본원리가 생겨났다. 나는 서서히 아이들 환경에 있는 모든 것은 질서뿐 아니라 아이들의 신체 크기에도 맞아야 한다는 걸 알았다. 그리고 혼란스러운 것과 불필요한 것을 없애는 만큼 아이들의 흥미와 집중이 점차 자란다는 것을 알게 되었다.

〈어린이의 비밀 The secret of childhood〉

반복과 집중력

관찰 어린이 20~36개월 아이들

장소 한국 영아반 교실

교실에 들어서니 두 아이가 책을 보고 있다. 선생님은 옆에서 그림을 보여주며 이야기를 해주고 있다. 수진이가 교실로 들어섰다. 책을 읽고 있는 친구들을 보더니 책꽂이에 가서 자기도 책을 가져온다. 제목은 《하양이 생일에 누가누가 올까요?》이다. 수진이는 한 장씩 책장을 넘기며 그림을 보고 있다. 그러다 '긴 물뱀이랑 짧은 물뱀. 하양이 생일에 누가누가 올까요?' 장면에서는 완전히 집중해 손가락으로 그림을 따라 긴 물뱀과 짧은 물뱀을 그린다.

교실 한쪽에서 미나가 어항을 들여다보고 있다. 선생님이 "물고기 먹이 줄까?" 하며 먹이를 조금 접시에 담아주자 미나는 접시에 담긴 물고기 먹이를 하나씩 집어 어항 속에 넣어준다. 커다란 금붕어 두 마리가 바쁘게 먹이를 따라 움직인다. 미나는 먹이를 두세 차례 넣어주다가 주위를 살피더니 접시를 집어 들고 어항 속에 통째로 쏟으려고 한다. 미나를 지켜보던 선생님이 다가가 "하나씩 주기로 해요" 하며 접시를 내려놓는다.

옆에 있던 정이는 오렌지 썰기 교구를 가져다가 책상 위에 놓고는 손을 씻기 위해 세면대로 향한다. 수진이도 얼른 책을 덮고는 세면대로 향한다. 2개의 세면대에서 각자 손을 씻더니 서로 경쟁하듯 교실로 달려온다.

정이는 선생님이 "앞치마 입고 오세요"라고 얘기하자 앞치마를 찾아 입고 온다. 도마와 칼을 꺼낸 정이는 이미 껍질이 벗겨진 오렌지를 자르고 있다. 접시 위에는 5~6개의 오렌지 조각들이 있고 정이는 오렌지 즙이 여기저기 묻은 도마를 들고 개수대로 향한다.

개수대 옆에는 수세미가 마련되어 있다. 정이는 흐르는 물에 도마를 세우고는 수세미를 물에 적신 뒤 조심스럽게 접어 도마 위에 올려놓고 열심히 닦는다. 도마를 물에 담갔다가 꺼내기를 수차례 반복하고 있다. 옆에서 보고 있는 어른이라면 몇 조각의 오렌지를 자르기 위해 저 노력을 해야할까 싶을 정도로 도마를 닦고 또 닦았다.

아이들은 똑같은 행동을 왜 반복할까? 왜 정이는 수세미로 도마를 닦고 또 닦는 것일까?

아이들은 완성을 향해 가고 있다. 그 기능을 완전히 익히기 위해서 반복하고 또 반복한다. 아이들이 같은 동작을 한다고 해서 같은 것은 아니다. 되풀이되는 활동들은 우리가 보기에는 같은 일을 하는 것 같지만 실은 모두 다른 결과를 낳는다. 각 활동마다 아이의 내면에는 변화가 일어나며 결실이 쌓이는 것이다.

아이들은 동작을 되풀이하는 동안 그 활동에 몰두하게 되고 이때 집중이 일어난다. 그 경험이 반복되다보면 활동의 본질에 다가가게 되면서 어느새 몸과 마음이 일치되어 만족감을 얻게 된다. 반복을 통해 집중하고 일정한 수준에 도달하면 아이들은 반복을 그만둔다. 이때 아이는 스스로에게 만족해하며 기쁨의 미소를 띤다.

montessori said

아이들은 몰두했던 일이 마무리 되었을 때 휴식을 취한 것 같은 깊은 만족감을 나타내었다. 그것은 마치 자기들의 좋은 부분을 드러내며, 모든 잠재능력을 이끌어내는 마음의 길이 활짝 열린 것처럼 보였다.

〈가정에서의 어린이 The child in the family〉

안녕, 변기야!

관찰 어린이 23개월 된 혜린, 24개월 된 병준

장소 한국 영유아반 교실

"안녕하세요?" 선생님이 반갑게 혜린이를 맞이한다. 혜린이는 교실에 들어오자마자 차고 온 기저귀를 빼고 팬티와 바지로 갈아입는다. 배변훈련을 위해서 팬티로 갈아입는 것이지만 혜린이도 무겁고 답답한 기저귀가 싫은지 혼자서 척척 잘 벗고 갈아입는다.

"우리 변기에 쉬하러 가볼까?" 선생님을 따라 혜린이가 화장실로 간다. 화장실에 도착한 혜린이는 "안녕, 변기야!" 하면서 친숙하게 변기를 부르고 변기에 앉는다. 그리고는 옆에 있던 손잡이를 당겨서 물을 내려 본다. 소변을 볼 의사는 전혀 없는 듯하다. 혜린이는 혼자

서 변기에도 앉아보고 물도 내려 보며 한창 연습중이다.

병준이는 혜린이와는 한 달 차이지만 혼자서 화장실에 가서 오줌을 눈다. 오늘 병준이는 좀 더 일찍 교실에 도착해 오자마자 기저귀를 빼고 팬티로 갈아입었다. 그리고는 한 시간 간격으로 화장실에 간다.

얼마 전까지만 해도 병준이는 바지를 입은 채로 오줌을 쌌다. 그런데 형들이 화장실에서 오줌 누는 것을 신기한 듯 옆에서 지켜보더니 자기도 따라 연습을 했다. 오줌이 마렵지 않은데도 화장실에 가서 변기 앞에 서보기도 하고 앉아보기도 하면서…….

어느 날은 병준이가 혼자서 화장실에 가길래 또 연습을 하나보다 생각했는데, 휴지를 끊어서 계속 변기에 넣는 바람에 변기가 막히기도 했다. 오줌이 마려우면 화장실로 가야 한다는 걸 알게 될 즈음 병준이는 며칠 동안 급하게 오줌을 흘리면서 화장실로 달려가기도 했다. 그러더니 마침내 미리 "쉬"라고 말을 한 후 화장실로 달려가 배변을 성공적으로 끝냈다.

병준이는 자신이 스스로 소변을 가릴 수 있다는 사실이 너무도 자랑스러운 듯 오줌을 누고도 금방 화장실에서 나오지 않는다. 다시 변기 앞에 서보기도 하고 앉아보기도 하면서 자신의 성장을 만끽하는 듯 보였다.

배변훈련은 언제 시작하면 좋을까? 일반적으로 아이들이 걸을 수 있을 때가 적당하다. 그때는 뇌와 말초신경의 중간 다리 역할을 하는 척수의 수초화가 거의 완성되어 걷기, 뛰기, 기어오르기 등이 능숙해진다. 또한 2세경에는 항문과 방광 괄약근의 조절이 가능해지고, 방광은 2~4시간 이상 소변을 담고 있을 수 있다.

배변훈련을 하기 위해서는 먼저 아이들이 기저귀의 젖은 촉감을 알아야 한다. 일반적으로 종이기저귀는 아이가 축축한 감각을 느끼지 못하게 하여 배변훈련을 더디게 한다. 아이들이 기저귀가 젖었을 때 불편함을 느껴야 배변훈련이 가능하다. 이러한 느낌이 아이들로 하여금 소변을 참고 화장실로 달려가게 만든다. 아이 스스로 대소변을 가리길 원한다면 종이기저귀부터 먼저 치워야 한다.

구두를 닦으며

관찰 어린이 33개월 된 민지
장소 한국 영유아반 교실

교구장 앞에서 한참을 서성이던 민지가 드디어 하고 싶은 것을 찾은 듯 구두닦이용 비닐매트를 집어 든다. 큰 매트는 책상 위에 펼치고 작은 것은 책상 밑에 펼쳐야 한다. 그런데 돌돌 말려 있던 매트는 민지가 펴려고 해도 반듯하게 잘 펴지지 않았다. 선생님의 도움으로 매트가 모두 펴지자 민지는 신발장에 가서 자기 구두를 가져온다. 그 다음 가져온 구두를 작은 매트의 안내선이 그려진 대로 맞추어놓고 쟁반에서 구두약, 솔, 장갑 순으로 하나씩 책상 위에 꺼내놓는다. 여러 차례 해보았는지 민지는 혼자서도 구두 닦을 준비를 잘한다.

이제 구두 한 짝을 책상 위에 올려놓는다. 그리고 구두약을 열어보지만 잘 열리지 않는다. 민지는 몇 번 애를 쓰다가 선생님에게 부탁한다. 다시 책상으로 와서 작은 장갑에 구두약을 묻혀 구두 이곳저곳에 약을 바른다. 장갑을 제자리에 놓고 구둣솔을 들고 구두를 닦기 시작한다. 혼자서 구둣솔로 닦다가, 다시 장갑으로 닦다가 열심히 구두에 광을 내고 있다.

만족스럽게 닦였다고 느꼈는지 닦은 구두를 바닥에 있는 작은 매트에 내려놓고 다른 구두 한 짝을 책상 위에 올려놓고 또 닦는다. 구두 두 짝을 모두 닦은 민지는 교실 문을 열고 밖에 있는 신발장에 구두를 갖다놓았다. 그리고는 책상에 남아 있던 매트와 물품 등을 쟁반에 담아서 교구장 제자리에 갖다놓는다.

민지는 이제 어항 앞에 서 있다. 마치 큰일을 치루고 한숨 돌리듯 여유로운 마음으로 물고기를 바라보고 있다.

몬테소리 교육에서 일상생활 교구에는 몇 가지 특징이 있다. 아이들이 일상생활을 직접 체험할 수 있도록 실제 사용하는 물건을 준다.

설거지를 할 때는 물과 세제를 사용하고, 사과를 썰 때는 진짜 사과를 준다. 구두를 닦을 때 쓰는 구두약도 실제 사용하는 것이다. 물론 아이들의 건강을 고려해서 독성이 없는 것으로 준비한다.

교구도 하나씩만 준비해둔다. 빗자루 한 개, 먼지 털기 한 개, 구두 닦기 한 개. 교실에 같은 교구를 여러 개 두어 경쟁적일 상황을 만들기보다는 모두가 각자 하고 싶은 다양한 활동을 하도록 유도하기 위해서이다. 때로는 친구가 하는 것을 보고 그 교구를 하고 싶어도 친구가 끝날 때까지 참고 기다려야 한다는 것을 배운다.

montessori said

교사는 모든 통로를 개발해야 하며, 아이들의 자신감을 떨어뜨려서 안 된다. 아주 어린아이들조차도 무언가를 하고 싶어 하며, 더 많이 노력한다. 좋은 교사는 가장 어린 아이조차도 도울 수 있는 방법을 찾아낸다.
4세 아이가 뜨거운 스프가 들어 있는 주전자를 옮기는 동안 2세 아이는 빵을 가져올 수도 있다. 아이들은 자신이 할 수 있는 만큼 해내고, 뭔가 애쓸 수 있는 기회를 얻었다는 사실에 만족해한다.
아이들과 함께 시간을 보낸 사람이면 누구나 아이들이 성공적으로 활동을 해내는 데 특별한 비밀이 있음을 알게 된다. 그것은 정확성이다. 아이들은 어떤 활동을 할 때 행동 하나하나를 정확하게 하려고 한다. 유리컵의 모서리를 건드리지 않으면서 물을 따르거나 혹은 테이블 위에 물을 쏟지 않으면서 따르는 것을 단순히 컵에 물을 채우는 것보다 더 흥미로워한다.

〈어린이의 발견 The discovery of the child〉

빨래하는 체칠리아

관찰 어린이 34개월 된 체칠리아
장소 이탈리아 영유아반 교실

체칠리아가 큰 구슬 꿰기 바구니를 들고 와 책상 위에 놓는다. 바구니 안에는 목에 걸 만한 길이의 튼튼한 줄과 나무로 된 다양한 구슬들이 있다. 그런데 의자에 앉을 줄 알았던 체칠리아가 불쑥 내 곁으로 다가와 관찰하는 나에게 "뭐 써요?" 하며 노트를 들여다본다. 그리고는 "나도 쓰고 싶어요!" 하면서 노트와 펜을 달라고 해서 나는 하얀 백지를 펼쳐주었다. 어설프게 잡고 있는 손끝에 찌그러진 동그라미가 그려지고 있다. 의도 없이 손의 흐름에 따라 그려진 그림이지만 체칠리아는 나에게 이것은 아빠고 이것은 엄마라고 설명한다.

체칠리아는 통통거리며 생동감 있게 교실을 다니며 호기심을 충족하고 있다. 그러다가 작은 빨래집게가 눈에 띄자 갑자기 빨래판이 놓여 있는 책상 앞에 섰다. 그리고는 앞치마를 꺼내든다. 팔을 이리저리 끼우더니 앞치마를 입었다. 그리고는 유리 주전자를 들고 개수대로 간다. 혼자서 여러 번 해보았는지 물을 주전자에 받아서 빨래판이 있는 곳으로 간다.

대야에 물을 붓고 옆에 있던 수건을 적셔서 빨래를 시작한다. 비누로 여기저기를 문지르고 거품을 만들고 있다. 거품을 만드는 것이 재미있는 듯 대야 가득 거품을 만든다. 문지르고 또 문지르고 문득 자신의 손바닥을 유심히 바라본다. 거품이 비눗방울을 만드는 게 신기한지 한 번 문지르고 손바닥 보고, 다시 문지르고 손바닥 보기를 반복하고 있다.

마침 지나가던 선생님이 다가가 헹구는 법을 알려주었다. 여기저기 거품이 튀어 주변에는 비누거품 얼룩이 남아 있지만 체칠리아는 선생님과 함께 다 빤 수건을 빨래걸이에 걸고 의기양양해서 친구들에게 다가간다.

요즘 체칠리아는 매일 빨래를 한다. 교실에는 많은 다른 교구가 있지만 체칠리아는 빨래하기에 꽂혀 있다. 어제도 체칠리아는 빨래를 했단다. 빨래를 마친 체칠리아는 "나는 했다"라고 혼자서 중얼거리며 어느새 동물모형들을 교구장 위에 늘어놓고는 다시 바구니에 담고 있다.

이제는 책장으로 간다. 책을 한 권 들고는 이야기를 시작한다. 그림만 있는 책이지만 체칠리아 입에서는 마치 글이 있는 것처럼 재미있는 이야기가 되어서 흘러나오고 있다. "그래서 그 아저씨는 말했습니다. 그래서 오리는 따라갔습니다. 엄마는 '안 돼!'라고 했습니다. '조심해라, 얘야!' 엄마는 그랬습니다."

체칠리아는 의기양양하게 교실을 누비고 있다.

아이들의 자존감은 어디서 오는 걸까? 자존감은 어떤 일을 스스로 선택할 수 있고, 그리고 선택한 일을 성공적으로 마무리 지을 때 생겨난다. 몬테소리 교실에서 아이들의 활동은 아이들의 선택에 의해서 시작된다. 아이들에게 자신이 하고 싶은 일을 스스로 선택한다는 것은 중요한 경험이다. 자신이 결정하고 선택한 일을 끝마쳤을 때 아이는 스스로에 대해 만족해하며 자신에 대해 긍정적인 생각을 갖게 된다.

체칠리아는 매일 빨래를 하고 있다. 누가 시켜서 하는 것이 아니다. 스스로 반복하고 또 반복한다. 빨래가 얼마나 깨끗하게 되었는지는 이 아이들에게 문제가 되지 않는다. 자신이 선택한 일을 스스로 해냈다는 것이 중요하다. 이렇게 한 가지 일에 몰두하고 반복하면서 점점 더 유능해지는 자신을 보면서 아이는 자신에 대한 만족감, 자신감, 자존감이 자란다.

montessori said

아이들에게 있어 활동은 자연본능이다. 왜냐하면 활동하지 않으면 발달하든 일탈하든 인격을 형성할 수 없기 때문이다. 인간은 활동을 하면서 인격이 형성된다. 그리고 이러한 활동은 어느 것과도 대체될 수 없다. 아이들의 본능은 활동이 인간의 내적 본능이며 전 인류의 본래적 본능임을 입증하고 있다. 다양한 형태로 자신을 표현하는 인간의 생명충동이 문명을 발달시켰다. 이 충동은 환경을 창조하고 인간을 안정되게 한다.

〈어린이의 비밀 The secret of childhood〉

빨강색 할까? 노랑색 할까?

관찰 어린이 30개월 된 키아라
장소 이탈리아 영유아반 교실

키아라가 아침 일찍 엄마와 함께 교실로 들어섰다. 엄마 얼굴에 뽀뽀를 서너 차례하고도 엄마를 끌어안고 떨어지지 않고 있다. 선생님이 다가가 함께 재미있는 놀이를 하자고 해도 엄마 다리 밑에 숨어서 선생님을 피한다.

선생님은 계속 키아라를 달랜다. "우리 접시닦기 해볼까?" 평소 키아라가 즐겨하는 교구로 아이를 달래보지만 선생님의 권유에도 키아라는 "싫어!" 하고 숨는다. 조금 뒤 선생님이 비눗방울을 가져와 키아라 앞에서 불고 키아라에게 건네주었다. 그제야 키아라는 엄마를 놓아주고 비눗방울을 들고 책 읽는 의자에 가서 앉는다.

혼자서 비눗방울을 불려고 하지만 잘 불어지지 않는다. 멀리서 키아라의 행동을 지켜보던 선생님이 이렇게 똑바로 들어야지 하면서 비눗방울 통을 드는 모습을 보여주지만 키아라는 여전히 "아니야!" 하고는 고개를 흔들며 비눗방울을 흘릴 듯 말 듯 위태롭게 통을 들고 있다.

잠시 뒤, 키아라는 잘 불어지지 않자 싫증이 났는지 비눗방울 통을 선생님에게 건네주고 친구들이 모여 있는 곳으로 다가간다. 조셉이 열심히 숟가락으로 구슬을 옮기고 있는데 키아라가 지나면서 덥석 하나를 꺼내간다. 조금 떨어진 곳에서 이를 본 선생님이 키아라에게 돌려주라고 말하며 조셉이 있는 곳으로 데려간다. 키아라는 구슬 옮기기를 하고 싶은 마음에 조셉 주위를 뱅뱅 돌고 있다.

잠시 뒤 선생님이 모두 바깥놀이를 가자고 아이들을 불러 모았다. 순간 키아라는 구슬상자를 가져와 교실 바닥에 놓고 옮기기 시작한다. 선생님이 조심스럽게 다가가 키아라에게 "나갈 시간이 되었으니 정리하세요"라고 말한다. 키아라는 "아니야!" 하면서 계속 구슬 옮기기를 하고 있다. 그러자 선생님은 "한 번 할까? 두 번 할까?" 물어보았고, 키아라는 "두 번!" 하고 대답했다. 실제로는 한 번만 하고는 구슬상자를 제자리에 갖다놓았다.

첫 돌이 지나면서 아이들은 걷게 되고 움직임도 부산스럽다. 생활 속에서 좌충우돌하며 자신의 행동이 저지되는 '안 돼!'라는 말의 의미도 알게 된다. 아이들이 어릴 때 사용하는 이런 부정어의 표현은 곧 그들 자신의 정체성에 대해서 새롭게 발견하는 것이다. 스스로 자신의 존재를 인식하면서 '안 해! 아니야! 싫어!' 라는 말을 통해 독립에 대한 강한 욕구를 드러낸다.

아이들의 이러한 욕구를 어른들이 어떻게 대처하느냐에 따라 이후 아이의 태도가 결정된다. 무조건 반항하는 '미운 세 살'이 되기도 하고, 어른들의 말을 신뢰하고 따르는 아이로 성장하기도 한다. 안타깝게도 이 시기 아이들은 스스로 무엇인가를 하려고 할 때 할 수 있는 기회가 주어지지 않으면 그 욕구는 점차 사라지고, 있는 그 상태로 만족해버려 의존적이고 수동적인 아이가 되기 쉽다.

아이들의 의욕을 꺾지 않고 자율성을 키워주는 어른의 좋은 태도는 무엇일까? 무조건 못하게 하는 것이 아니라 아이에게 선택권을 주는 것이다. "그럼 한 번 할까? 두 번 할까?" "빨강색 입을까? 노랑색 입을까?" 제한된 범주에서 아이들이 스스로 선택하도록 기회를 주자. 아이는 선택을 통해서 자신의 욕구를 실현하고 자신이 존중받고 있음을 느낄 수 있다. 또한 자신이 선택한 것에는 책임이 따른다는 것도 점차 배울 수 있다.

풍부한 감각을 키워주는 요리활동

관찰 어린이 32개월 된 선이, 예진

장소 한국 영유아반 교실

"선생님, 빵 만들래요!" 선이가 환하게 웃으며 선생님에게 말한다. "그럼 손 씻고 앞치마 하고 오세요." "네-에!" 선생님의 흔쾌한 대답에 선이는 신이 나서 달려간다. "빵을 만들 때는 손을 깨끗이 씻어야 해요" 하고 선생님도 세면대 앞에 섰다. "선생님도 나랑 같이하려고요?" 선이가 들뜬 목소리로 선생님에게 묻는다. "네-에, 선생님이랑 같이 씻어요" 하면서 선생님이 선이와 함께 손을 씻는다.

두 사람은 빵 만들기 코너에 다가갔다. "선이야, 먼저 머리카락이 들어가지 않게 요리사 모자를 써야 해요." 선이가 요리사 모자를 쓰고 있는데 아파서 누워 있던 예진이가 다가왔다. "나도 선이랑 같이 할래요. 선이랑 빵 만들고 싶어요." 예진이는 어젯밤에 열이 39도까지 올라갔다고 한다. 아침에도 기운이 없어 누워서 쉬고 있던 예진이가 빵을 만든다는 소리를 듣고 벌떡 일어난 것이다.

예진이도 손을 씻고 앞치마를 하고 선이 옆에 섰다. 예진이는 선이가 쓴 요리사 모자가 부러운 듯 만지려고 손을 뻗었다. "아니야. 만지면 안 돼!" 선이는 모자를 뺏길까봐 소리치며 얼른 뒤로 물러선다.

"자, 이제부터 빵 만들기를 시작할 거예요. 먼저 커다란 그릇에 밀가루를 넣기로 해요." 선생님의 말이 끝나자마자 "내가 할래요. 내가!" 선이는 자신이 하고 싶은지 큰 소리로 외친다. "나는 이스트 넣을 거야." 갑자기 예진이도 소리친다. "그럼 예진이는 이스트를 세 숟가락 넣기로 해요." 예진이가 이스트를 떠서 넣는 동안 선생님은 한 번, 두 번, 세 번 하고 세어준다. 이번에는 선이가 소금 통을 열어서 작은 숟가락으로 소금을 "한 번, 두 번, 세 번, 네 번, 다섯 번" 하고 세면서 넣고 있다. "다음에는 땅콩가루를 솔솔 하고 뿌려줄 거예요." 아이들은 "솔-솔" 입으로 소리를 내면서 땅콩가루를 밀가루 위에 뿌린다. 예진이가 주전자의 물을 붓고, 선생님은 아이들과 함께 나무 주걱으로 반죽을 섞었다.

"이제 밀가루를 주물주물 하는 거예요." 선생님이 반죽에 손을 넣어서 밀가루를 치댄다. "나, 엄마가 김치 할 때 봤어요." 선생님의 동작을 유심히 보고 있던 예진이가 안다는 듯 말한다. "맞아요. 엄마가 김치 담글 때도 손으로 김치를 섞지요." 선생님이 아이의 말에 대꾸해준다. 선생님이 아이들에게 반죽을 만들어보자며 한 덩어리씩 떼어주었다. 아이들은 작은 손으로 조물조물 반죽을 치대고 있다.

"주물주물 한 뒤 꼭꼭 눌러주세요." 선생님이 손동작을 보여주자 아이들은 손을 쥐었다 폈다 하면서 손등으로 반죽을 톡톡 두드리기도 하고 손가락으로 찔러보면서 신 나게 반죽을 주물럭거린다. "이제 쿠키처럼 동그랗게 만들어보기로 해요." 아이들은 반죽을 조금씩 떼어 동그란 모양을 만든다.

빵을 만드는 모든 과정을 아이들은 완전히 몰입해서 즐기고 있는 듯했다. 선생님은 아이들이 만든 밀가루 반죽을 오븐용 쟁반에 담아 오븐에 넣었다. 아이들은 교실에 퍼지는 구수한 빵 냄새와 함께 맛있는 빵을 기다리며 오븐 곁을 떠나지 않고 있다.

어린아이들에게 요리활동은 특별한 의미를 갖는 듯하다. 모든 교육활동의 통합체랄까? 아이들은 요리활동에 대단한 흥미를 갖고 적극적으로 하려는 의지를 보인다. 재료들을 직접 손으로 만지며 느끼고, 냄새 맡고 맛보면서 행복해한다.

요리활동은 교육적인 효과도 놀랍다. 요리를 하면서 아이들은 어른과 협력하는 것을 배울 수 있다. 또한 활동을 반복하면서 다양한 기능을 습득할 수 있다. 무엇보다 재료들을 보고, 느끼고, 냄새 맡고 먹어보면서 모든 감각경험을 체험할 수 있다. 더불어 재료의 이름을 알고 많은 동작의 표현방법을 배울 수 있다. 요리는 아이들을 행복하게 하고 풍부한 감각을 키워주는 아주 훌륭한 교육활동이다.

아이의 의지는 무엇으로 실현되는가?

관찰 어린이 30개월 된 예지

장소 한국 영아반 교실

은지는 점토놀이를 하려고 하는데 점토가 밀대에 달라붙어 잘 떨어지지 않자 선생님에게 도움을 청한다. 그때 예지가 들어와 책상에 책을 펼쳐놓고 선생님에게 읽어달라고 한다. "지금은 은지를 도와주고 있으니까 조금만 기다려요." 선생님 말에 예지는 싫다는 듯 거부하지만 곧 상황을 받아들이고 기다리고 있다. 그 사이 예지는 교실을 서성이고 있다.

"책상을 닦아야겠네!" 갑자기 예지가 외쳤다. 교구장으로 간 예지는 책상 닦기에 필요한 바구니와 양동이를 모두 꺼내든다. "하나씩 가져가세요." 선생님 말에 예지는 우선 바구니를 책상 밑에 옮겨

놓고 양동이를 가져온다. 차근차근 책상 닦기에 필요한 교구를 교실 바닥에 늘어놓는다.

예지는 가장 먼저 눈에 띈 솔을 들어 비누 위에 대고 문지른다. 친구가 다른 테이블에서 자기를 보고 있다고 느꼈는지 예지는 "나 이거하고 있으니까 선생님 도와주세요 해" 하고 친구에게 말한다. 그리고 갑자기 물이 필요하다는 생각을 했는지 주전자를 들고 개수대로 간다. 수도꼭지를 틀고 주전자 가득 물을 받아오더니 대야에 붓는다.

예지는 이제 비누를 묻힌 솔을 집어서 책상을 닦기 시작한다. 책상 위가 비눗물로 하얗게 변하고 있다. 예지는 비눗물이 많이 묻은 솔을 대야에 담그고 휘휘 돌리고 있다. 그리고는 반사적으로 큰 수건을 꺼내 든다. 하지만 순서가 틀렸다고 생각했는지 잠시 멈칫하더니 큰 수건은 다시 걸어두고 스펀지를 집어 들었다. 스펀지로 책상 가운데를 쓰윽 문지르자 하얀 비눗물이 묻어나왔다. 예지가 다시 스펀지로 비눗물이 묻은 책상을 닦는다. 처음에는 가로로 닦다가 이번에는 둥글게 원을 그리며 닦는다. 하지만 비눗물이 여전하다.

예지는 스펀지에 비눗물이 많이 묻었다고 생각했는지 대야에 넣고 짠다. 그때 선생님이 다가가 "깨끗한 물을 받아오세요"라고 알려주었다. 예지는 "깨끗한 물! 깨끗한 물!"을 중얼거리며 대야를 들고 일어섰다. 그때 선생님이 얼른 대야의 물은 양동이에 넣어서 가져가야 한다고 일러주었고, 예지는 더러워진 물을 버리고 다시 주전자에 깨끗한 물을 담아와 대야에 부었다. 그리고 솔을 깨끗한 물에 담가 휘휘 젓는다.

성장하려는 아이의 의지는 아이 자신으로부터 나온다. 우리가 아이의 의지를 직접 지원할 수는 없다. 우리가 할 수 있는 것은 아이의 의지를 현실로 실현시킬 수 있도록 도와주는 도구를 준비하는 것이다. 몬테소리 교육에서 교구는 곧 교육프로그램이다. 아이가 책상을 닦기 위해서는 책상을 닦기 위한 교구가 마련되어야 한다.

환경을 마련하는 일이 왜 필요할까? 예를 들면 이유는 분명해진다. 이제 한 발 한 발 걸음을 떼려는 9개월 된 아이가 있다. 몬테소리 교실에는 아이가 일어서 손을 뻗으면 잡고 설 수 있는 봉을 설치한다. 아이는 봉을 붙잡고 천천히 걸음마 연습을 할 수 있다. 어른들이 아이 손을 잡고 걷도록 이끌어주는 것과 봉을 잡고 아이가 스스로 걷는 것에는 어떤 차이가 있을까? 전자는 아이의 의지가 아니라 어른의 의지이다. 아이는 지금 걷는 연습을 하고 싶은데 어른이 손을 잡아주지 않으면 걸음을 뗄 수 없기 때문이다. 아이는 스스로 걷는 것이 아니라 어른의 도움으로 이끌려가는 것이다. 그러나 후자는 아이가 걷고 싶을 때 언제든지 걸음마 연습을 할 수 있다. 걸으려는 의지가 생겼을 때 손을 뻗어 봉을 잡고 스스로 걸으면 된다. 자신의 의지에 의해서 필요할 때 언제든지 신체적 단련을 하며 더 큰 성장으로 나아갈 수 있다.

하고 싶을 때 할 수 있다는 이러한 환경에 대한 신뢰감은 아이를 보다 적극적이며 자신감 있는 아이로 성장하게 한다.

montessori said

나는 아이들의 법칙이 무엇인지를 알게 되었고, 이것은 나로 하여금 교육에 대한 문제를 완전하세 해결할 수 있게 하였다. 질서의 개념, 인격과 지식과 감정의 발달은 이런 감추어진 원천으로부터 비롯되어야 한다는 것이 명백해졌다. 그로 인해 나는 이런 집중력을 가능케 하는 실험 대상을 찾기 위한 일에 착수했다. 그리고 조심스럽게 이런 집중력을 발휘할 수 있는 가장 바람직한 외부조건을 갖춘 환경을 조성해나갔다. 이것이 바로 나의 교육의 시작이다.

〈가정에서의 어린이 The child in the family〉

인간의 경향성

몬테소리 교육에는 낯선 용어들이 많이 등장한다. 인간의 경향성도 그중의 하나이다. 경향성은 과연 무엇을 의미하는 것일까? 몬테소리는 동물에게 본능이 있다면 인간에게는 인간의 경향성이 있다고 말한다. 인간의 경향성은 우리의 내면에서부터 솟아오르는 주체할 수 없는 힘이며, 그 힘으로 인간은 인간성을 갖추고 잠재력을 실현하며 인류를 진보로 이끈다고 한다. 인종, 문화, 경제, 사회적 계급에 관계없이, 어린아이와 어른 누구나 이 지구상의 모든 인간이 갖고 있는 보편적인 특징인 것이다.

그런데 몬테소리 교육에서 왜 인간의 경향성을 언급할까? 그것은 아이들 역시 인간의 보편적인 특성, 즉 인간의 경향성을 갖고 있기 때문이다. 따라서 인간의 경향성을 이해하면 우리는 아이를 더 잘 이해할 수 있다. 인간의 경향성을 알면 우리는 아이가 온전히 성장할 수 있도록 도울 수 있다. 이러한 배려 속에서 자연스러운 인간의 경향성에 따라 성장한 아이들은 충실하게 자신을 창조하고 완성해갈 수 있다.

탐구Exploration하려는 경향성

인간은 낯선 곳에 던져지면 어떤 행동을 보일까? "내가 어디에 있는지? 내 주변에는 무엇이 있는지? 해답을 찾아서 끊임없이 탐구한다. 신생아 또한 이런 모습을 보인다. 아이는 태어날 때 이미 혀와 입술의 감각이 형성되어 있다. 아이는 혀와 입술로 공기를 느끼며 생존에 필요한 것을 탐색한다. 양수 속에서 자신의 얼굴을 만지며 탐색하듯 태어나서도 아이들은 손으로 얼굴을 만지며 스스로를 탐색한다. 이렇듯 갓 태어난 아이조차도 주변 환경에 대한 정보를 얻기 위해 끊임없이 탐색을 시도한다.

익숙한 것Orientation을 찾는 경향성

우리는 낯선 곳에 여행을 떠나도 집으로 돌아올 수 있고, 또 집으로 돌아오면 언제 여행을 가고 싶어 했나 싶게 집의 편안함을 느낀다. 귀소본능처럼 우리는 고향을 그리워하고 익숙한 것을 찾는다.

갓 태어난 아이는 엄마의 목소리, 심장박동 소리, 엄마의 향긋한 냄새에 익숙하다. 그래서 아이는 태어나자마자 엄마 가슴에 안기면 편안함을 느낀다. 몬테소리 교육에서는 이렇게 태어나기 전부터 엄마와 아이 사이에 형성된 익숙한 느낌을 '기준점'이라고 한다. 이러한 기준점은 아이에게 심리적, 정서적 안정감을 주고, 아이의 건강한 탐험을 위해 결정적인 역할을 한다. 또한 아이가 성장함에 따라 기준점은 엄마에서 가정환경으로 확대된다.

질서Order를 세우려는 경향성

태양은 동쪽에서 뜨고 서쪽으로 진다. 차들은 신호등을 보고 달리거나 멈춘다. 우리가 살고 있는 자연과 사회는 이러한 질서의 체계에서 움직인다. 인간은 자연인이며 질서를 세우려는 경향이 있다. 질서는 우리들의 삶을 유지하기 위한 기본 골격과 같은 것이다.

질서는 아이들에게 더욱 중요하다. 사람 안에 질서가 있고 환경 안에 질서가 있으면 아이는 편안함과 안정감을 느낀다. 아이들은 질서 있는 환경에서 그들의 감각기관을 이용해서 환경을 탐색하며 환경의 기준점을 세운다. 또한 심리적인 질서인 어른의 일관된 태도와 감정은 아이에게 기본적 신뢰감을 제공할 것이다.

소통Communication하려는 경향성

소통은 정서의 표현과 발달에 기본이다. 만일 인간이 사회에서 소통할 수 없다면 그들은 외롭게 고립된다. 소통하려는 경향성은 그래서 아주 일찍 발달한다.

만일 엄마가 임신 중반기쯤 지속적으로 배에 자극을 주면 아이도 그 자극에 반응을 한다. 그리고 태어나자마자 말을 할 수 없는 아이는 울음으로라도 소통을 시도한다. 점차 말을 배우기 시작하면서 아이는 기본적인 소통수단으로 가족의 언어를 흡수한다.

활동Work하려는 경향성

어른과 아이의 활동에는 목적과 의미가 상당히 다르다. 어른은 그들의 삶을 유지하기 위해 활동하고, 아이는 스스로를 창조하기 위해 활동한다. 아이들은 자신의 모든 것을 이용해서 활동한다. 어떤 활동은 손으로만 하는 것처럼 보이지만 두뇌의 작동으로 진행되며 반복을 통해서 보다 세련된 동작으로 발달한다. 이렇듯 모든 활동은 신체와 정신의 통합을 통해서 이루어진다. 아이들은 활동을 통해 성장하고 완성된다.

자신의 실수Control own errors를 바로잡으려는 경향성

아이가 퍼즐 맞추기를 할 때 아이는 퍼즐조각의 위치를 찾으려고 부단히 노력한다. 잘못하면 다시 시도하면서 제대로 맞출 때까지 노력한다. 만일 그러한 노력이 없으면 아이들은 발전할 수 없고, 활동을 마무리할 수도 없다.

아이들은 실수를 통해 배우고 스스로 바로잡는다.

반복Repetition하려는 경향성

아이들은 흥미 있는 활동을 발견하면 싫증내지 않고 끊임없이 활동을 반복한다. 반복은 아이들의 움직임을 완성시키고 활동에 대한 이해를 깊게 한다. 특히 무의식적 흡수시기인 0~3세 아이들에게 반복은 아이들의 활동을 능숙하게 이끌 뿐만 아니라 집중으로 이끈다. 그리고 이 집중은 곧 몸과 마음의 균형이 잡힌 정상화된 아이들로 이끈다. 반복은 인간을 완성으로 이끄는 지름길이다.

정확Work toward exactness해지려는 경향성

인류문명의 발달은 보다 완전하고 숙련된 활동이 이끌어왔다. 오늘날의 전자문명도 이러한 정확해지려는 인간의 경향성에서 비롯되었다. 아이들 또한 그들이 선택한 활동을 정확하게 잘하려고 노력한다. 완벽한 결과를 얻을 때까지 아이들은 내면의 욕구에 따라 계속해서 반복을 되풀이한다. 반복은 정확함을 이끌고 정확함은 완성을 이끈다. 아이들이 정확한 지점에 도달하기 위해서는 특별한 주의력이 요구된다. 집중하는 아이들을 방해하지 말아야 하는 이유이다.

자기완성Self-perfection의 경향성

이제 막 걷기를 시도하는 아이를 관찰해보자. 아이는 쉬지 않고 스스로 걸으려고 시도한다. 그리고 걷는 능력을 획득하기 위해 끊임없이 노력한다. 따라서 아이들에게 필요한 것은 적절한 환경이다.

아이들은 준비된 환경에서 정신적, 신체적으로 자신을 훈련시키며 고도의 집중력을 발휘하여 자기완성을 이룬다.

추상화Abstraction하려는 경향성

원시인이 무기를 만들 때 동물의 날카로운 뿔을 보고 추상화하여 무기를 만들었다. 추상화는 구체적인 체험을 통해서 이루어진다. 만일 아이가 실제로 사과를 경험해보지 못했다면 아무리 설명하고 그림책을 보여줘도 이해하는 데 한계가 있다. 아이에게 사물에 대한 그림책을 보여주기 전에 구체적으로 실제 사물을 체험하도록 하는 이유이다.

상상Imagination하려는 경향성

아이들은 위대한 상상의 힘을 가지고 있다. 그러나 이러한 상상력은 많은 감각경험이 필요하다. 플라스틱 사과모형과 실제 사과를 비교해보자. 사과모형으로는 사과의 향기도 질감도 무게도 느낄 수 없다. 단지 모양만 사과일 뿐이다. 그러나 실제 사과로는 향기와 맛, 질감 등 많은 감각체험을 할 수 있다. 아이에게 가짜 사과가 아니라 진짜 사과를 주어야 한다. 풍부한 감각 체험 속에서 풍부한 상상력이 자란다. 감각적인 많은 탐색과 경험을 토대로 자유로운 사고를 하는 아이들은 놀랍고 새로운 것을 창조해낼 수 있다.

실수를 통해 배울 수 있도록

아이는 자신을 둘러싸고 있는 세상에서 전개되는 일상의 리듬과 흐름을 이해하고 싶어 한다. 아이는 태어날 때부터 움직일 수 있었고 그러하기에 자신의 몸을 스스로 조절할 수 있다. 아이의 몸이 성장할수록 아이는 스스로 하고 싶어 하며 모험을 두려워하지 않는다. 그렇게 아이의 성장은 자연스럽게 이루어진다.

아이가 스스로 바람직한 행동습관과 충동조절능력을 갖추도록 돕는 일은 아이의 기본욕구를 이해할 때 조금 더 수월해진다.

스스로 하고 싶어 한다

선반 먼지 닦기, 바닥 쓸기, 양말 빨기, 식사 뒤 그릇 치우기, 옷 개고 정리하기, 식탁준비 하기 등을 어떻게 하는지 아이가 정확히 알 수 있도록 보여준다. 일단 아이에게 바르게 하는 법을 알려주고 난 뒤에는 아이가 자신의 실수로부터 배울 수 있도록 한다. 아이가 스스로 할 일을 우리가 대신해주면 빠르고 쉽게 처리될 수는 있어도 아이가 스스로 해낸 것은 아니다.

활동하며 기쁨을 발견한다

아이에게 보상은 활동 그 자체에 있다. 어른들은 '활동'을 어른이 해야만 하는 일이라 생각하지만 아이들에게 활동은 즐거운 놀이이고 기쁨 그 자체이다.

질서를 원한다

생활의 규칙과 일정한 흐름이 유지되도록 해주어야 한다. 아이들에겐 규칙적인 잠과 식사시간 그리고 가족과 함께 보내는 시간이 필요하다. 생활이 규칙적이면 아이들은 자신의 시간을 예측할 수 있고 스스로 무엇을 해야 하는지도 알 수 있게 된다. 가족과 함께 있을 때는 집안에서 역할을 나누고 한계를 그어야 한다.

성취감을 맛보고 싶어 한다

아이가 성취감을 느낄 수 있으려면 아이 스스로 주도할 수 있는 환경을 마련해주는 것이 중요하다. 자신이 선택한 활동을 아이 스스로 마무리할 수 있도록 충분한 시간과 자유를 줄 때 아이는 자신이

해냈다는 성취감을 맛볼 수 있다.

아이가 스스로 하고 싶어 하는 일에 관심을 가져주고 아이가 실수를 통해서 배울 수 있는 기회와 환경을 마련해준다. 분명하고 믿을 수 있는 생활규범과 예의범절을 알려주고 매일 아이가 자신이 읽을 책이나 입을 옷들을 약간의 선택과정을 거쳐서 고를 수 있도록 도와준다. 이렇게 어려서부터 필요한 도움을 받고 자란 아이는 성장하면서 스스로 자기완성을 이루어낼 수 있는 힘을 얻게 된다.

민감기

몬테소리는 아이들의 발달과정 중 일정 기간 특별히 환경에 몰입하며 흡수를 잘하는 시기가 있다며 이를 '민감기'라고 불렀다. 민감기라는 용어는 네덜란드의 생물학자 휴고 드 브리스 Hugo de Vries가 애벌레의 민감한 시기를 발견하면서 최초로 사용했다. 애벌레는 나뭇잎 중에서 가장 연한 잎을 먹어야만 살아갈 수 있는 시기가 있는데, 그때 애벌레는 빛에 대한 민감함으로 나무 끝의 연한 잎을 찾을 수 있어서 살 수 있다고 한다. 이것이 유충에 있어서 '민감기'이며, 그 시기가 지나면 그 능력은 사라진다.

몬테소리는 관찰을 통해 아이들에게서도 그 시기를 발견하였다. 아이들의 민감기 역시 어떤 생물의 발달단계에서 보이는 특수한 감수성처럼 나타난다. 그 기간에는 민감한 감수성에 따라 강렬한 힘이 생긴다. 특히 0~3세의 시기는 중요하다. 이 시기에 아이들은 특별한 기술과 특징을 힘들이지 않고 효율적으로 습득할 수 있다. 민감한 감수성이 나타날 때 아이들은 새로운 흥미가 생긴 듯 그 일에 몰입하고 빠져든다. 쉽게 지치거나 싫증 내지 않고 반복해서 그 일을 한다. 누가 시켜서 하는 일이 아니라 자연스럽게 빠져든다.

이러한 민감기는 일시적이다. 하지만 그 기간을 통해서 얻은 능력은 평생 동안 남는다. 반면에 이 시기를 놓치면 그 손실은 결정적인 것이 된다. 나중에 이러한 능력을 습득하려면 몇 배의 노력이 더 필요하기 때문이다.

아이들이 어떤 행위를 계속 반복하려는 욕구를 드러내며 민감기를 암시할 때 어른들은 아이들의 이러한 특수한 시기를 이해하고 아이들이 정말 무엇을 원하는지 알아내고 그것을 올바른 방법으로 실현시킬 수 있도록 도와주어야 한다. 자연은 아이들에게 잠재력과 민감기를 부여하지만 적당한 환경을 만들어주는 것은 어른의 몫이다.

언어에 대한 민감기 : 3개월~6세

이미 엄마 배 속에서부터 소리를 들을 수 있는 아이는 시각의 초점 맞추기가 가능해지는 3~4개월부터 어른이 말하는 입언저리를 관찰하며 언어에 대한 감각을 키워간다. 6개월에는 옹알이를 하며, 10개월에는 언어에 의미가 있다는 것을 알게 된다. 12개월에는 의도적인 말을 하고, 30개월에는 200~300개의 단어를 알게 된다.

질서에 대한 민감기 : 6개월~6세

생후 6개월에서 30개월 사이에 가장 두드러지게 나타나며, 이때 공간이나 물건의 질서에 대한 강한 반응을 보인다. 모든 물건들이 익숙한 장소, 제자리에 있어야 한다. 이때의 아이는 이미 형성된 질서감으로 인해 사물이 있어야 할 곳에 없으면 짜증을 부리고 울며 항의를 표시한다. 질서는 하나의 약속으로, 아이의 정서가 안정되도록 환경 속에 질서를 유지하도록 노력해야 한다.

운동에 대한 민감기 : 0세~6세

아이는 신체적으로 무력한 상태에서 끊임없는 노력을 통해서 걷게 된다. 이는 제2의 탄생이라고 불릴 만큼 독립을 위한 위대한 성장이다. 아이가 안전하게 움직이는 데 불편함이 없도록 옷차림과 집안의 환경을 정돈하고, 적어도 하루에 한 번은 따뜻한 햇살을 받으며 산책하는 습관을 갖는 것이 좋다.

작은 물건에 대한 민감기 : 2세 ~6세

개미, 새싹 등 어른들의 눈에 띄지 않는 작은 것도 아이들에게는 흥미 있는 세심한 관심의 대상이다. 아이들에게 작은 물건에 대한 민감한 감수성은 자연의 신비를 감상하고 탐험할 수 있는 특별한 시간이 될 수 있다.

사회성에 대한 민감기: 2세~6세

자기중심적인 사고에서 벗어나 다른 사람들을 배려하고, 친구를 알며, 예절에 대한 습득이 민감하게 나타난다. 가족과의 일상생활 속에서 자연스럽게 예절을 익힐 수 있다.

내적 민감성은 다양한 환경에서 현재 무엇을 받아들일 것인지 그리고 지금 발달 단계에서 어떤 상황이 가장 유리한지를 결정한다. 내적 민감성은 아이가 특정 사물에 관심을 갖지만 어떤 사물에는 관심이 없음을 보여준다. 이러한 민감성이 아이 정신에서 빛을 뿜게 되면, 마치 내면에서 조명이 나와 특정 대상만 비추게 되고, 다른 대상들은 어두워지는 것과 같다. 아이들의 모든 인식 세계는 이렇게 밝게 비춰지는 영역으로 한정된다. 그렇다고 아이가 특정 상황에서 특정한 것을 소유하려는 강한 욕구만 느끼는 것은 아니다. 이를 통해 아이는 자신의 정신적 성장에 도움이 되는 특별하고 고유한 능력을 발달시킨다. 민감기에 있는 아이는 주변 환경에 적응하며, 동작에 있어서 근육 조직을 섬세하게 조정할 때까지 무엇인가를 배운다.

<어린이의 비밀 Secret of the Childhood>

chapter 3

소통하고 싶어 하는 아이들

평화로운 아이는 환경 안에서 아늑함을 느끼고 질서를 사랑하며 창조적인 활동을 즐긴다. 어릴 때부터 자기 자신을 배려할 줄 알고 동식물과 주변 환경, 타인을 배려하는 활동을 통해서 아이들은 점차 자신이 살고 있는 환경과 조화로운 관계를 맺는 방법을 배운다. 이렇듯 자연과 더불어 자신을 돌보며 타인을 배려하는, 몸과 마음의 균형을 갖춘 아이들이야말로 몬테소리가 꿈꾸는 아이들이다.

옹알이로 소통하다

관찰 어린이 5개월 된 소피아, 7개월 된 티지아노

장소 이탈리아 영아반 교실

티지아노가 거울 앞에서 딸랑이를 갖고 놀고 있다. 거의 빨듯이 입에 넣고 거울을 보고 있다. 거울에 다른 장난감이 보이자 멀리 있는 장난감을 집으려고 엉덩이를 들썩이며 움직이려고 애를 쓴다. 하지만 마음대로 되지 않자 곧 포기한다. 20여 분을 그대로 앉아 있더니 힘이 들었는지 왼발을 천천히 뒤로 빼고 다음에는 오른발을 뒤로 빼더니 자연스럽게 엎드린 자세로 바꾼다. 엎드려서 조금 기어가려는 듯 힘을 주다가 다시 고개를 떨어뜨린다.

소피아가 등받이가 있는 의자에 앉아서 티지아노의 움직임을 열심히 보고 있다. 소피아는 아직 혼자서는 앉을 수가 없어 등받이 의자에 앉아 있다. 가까이 있던 선생님이 소피아에게 다가가 말을 건네자 소피아도 소리를 내며 반응을 보인다.

소피아는 요즘 옹알이가 한창이다. 누군가 말을 건네면 상대방에게 눈을 떼지 않고 계속 반응을 한다. "소피아, 기저귀를 갈아서 기분이 좋구나." 선생님 말에 마치 대답이라도 하듯 웃으면서 "에-에" 소리 내어 반응을 한다. 다시 선생님이 "으-응, 그랬구나"라고 말하니까 "에-에, 에-에-엣" 하며 혼자서 끊이지 않고 옹알이를 계속한다. 선생님이 잠시 시선을 다른 곳에 두자 소피아는 양손을 맞잡고 입에 넣을 듯하며 " 나-다-다-다" 하며 계속 소리를 내고 있다. 선생님은

다시 소피아의 옹알이를 맞받아 흉내 내면서 한 5분간을 아이와 이야기를 나누었다.

정확한 의사전달이 아닌 옹알이를 통한 대화는 아이에게는 꼭 필요한 소통의 과정이지만 어른들에게는 많은 인내심을 요구하는 듯 보였다. 잠시 선생님이 티지아노를 도와주려고 다가간 사이 소피아는 혼자서 몇 차례 더 소리를 내더니 다시 조용해졌다. 그러더니 이내 의자에 앉아서 꾸벅꾸벅 졸고 있다.

아이들은 어떻게 말을 배울까? 아이는 무수한 언어자극을 흡수하고 스스로 연습하면서 1년이 지나야 비로소 우리가 알아들을 수 있는 말을 한다. 어른들은 아이가 이해를 하고 있는지 모르고 있는지 알 수 없기 때문에 언어발달의 구체적 상황을 느낄 수 없지만, 아이들 내부에서는 하루가 다르게 언어발달이 진행되고 있다.

생후 1개월에는 반사적 발성을 하며 소리를 내고, 2개월에는 "아-이-우"와 같은 모음의 소리를 낸다. 4~6개월엔 자음을 포함한 다양한 발성을 연습하고, 7~10개월엔 "마마마" "다다다"와 같은 단순한 자모음을 반복하며 소리 낸다. 11~12개월이 되면 비로소 자음과 모음을 조합한 소리를 내고 음절을 말한다. 마치 아이들이 뒤집고 앉고 기고 서고 무수한 운동 발달단계를 거쳐 마침내 걷듯이, 언어 또한 숱한 언어발달의 단계를 거쳐서 마침내 첫 단어를 말한다.

그동안 아이들은 어른들이 말하는 입모양을 뚫어지게 관찰하고 모방하며 스스로의 입으로 말하려고 반복하고 노력한다. 그리고 마침내 "엄마!"라는 외마디 말을 하는 것이다. 이것은 여느 일상적인 단어가 아니다. 아이들이 지난 1년간 부단히 노력한 끝에 만들어낸 결실이며 환희의 언어이다. 이것은 또한 아이에게 드디어 인간으로서 진정한 언어단계로의 진입을 알리는 첫 신호이다.

아이의 언어습득은 혼자서 이루어질 수 없다. 어른들의 헌신적인 상호작용을 통해서만 가능하다. 아무리 어릴지라도 일상생활에서 아이가 체험하는 모든 것에 대해 친절하게 설명해주고, 말을 건네며, 아이의 옹알이에 반응을 해주는 끊임없는 언어자극과 배려가 있어야만 아이의 언어를 꽃피게 할 수 있다.

montessori said

2년 동안에 우리는 아이 속에서 깨어나는 의식의 세계를 살펴볼 수 있다. 4개월 된 아이는 자신을 둘러싸고 있는 신비스러운 음악, 즉 사람의 입에서 나오는 소리에 깊이 감동받는다. 입과 입술은 움직임에 의해 소리를 만들어낸다. 그 누구도 아이가 얼마나 세밀히 말하는 사람의 입술을 관찰하는지 깨닫지 못한다. 아이는 굉장히 주의 깊게 바라보며 그 움직임을 모방하려고 노력한다. 그런 다음 아이의 의식의 세계가 개입하여 그 활동을 시도해보게끔 한다. 물론 그 활동은 무의식적으로 이루어진다.

〈흡수정신 The Absorbent Mind〉

'스카라보끼오',
손 가는 대로 끄적거리기

관찰 어린이 13개월 된 마누엘라

장소 이탈리아 영유아반 교실

아침에 엄마와 헤어질 때 울었는지 아직도 얼굴에는 눈물과 콧물이 남아 있는 마누엘라가 내 곁으로 왔다. 내가 주머니에서 휴지를 꺼내 코 푸는 시범을 보여주자 마누엘라는 어설픈 손놀림으로 코 푸는 시늉을 한다. 이제 막 돌이 지난 마누엘라가 공동체 생활을 하는 것이 안타까워 나는 관찰하는 틈틈이 함께 놀아주었다.

마누엘라는 교실의 이곳저곳을 다니며 소꿉놀이 컵을 가져와 나에게 마시라고 준다. 나는 "고맙습니다" 하고 마누엘라의 친절에 웃음으로 답례를 한다. 이제는 내 곁에 와서 내가 쓰고 있는 펜을 잡으려고 한다. 마누엘라도 뭔가 끄적거리고 싶어 하는 것 같아 하얀 종이를 내 무릎에 대고 마누엘라에게 펜을 쥐어주었다. 이리저리 힘을 주는 방향으로 펜의 흔적이 남는다.

돌이 가까워지면서 아이들은 손의 쥐는 힘도 발달하고 손가락도 자유롭게 사용할 수 있게 된다. 이럴 때 아이들은 마누엘라처럼 뭔가를 그리고 싶어 한다. 그러나 의지에 따른 움직임은 아니다. 손이 가는 우연한 흔적들이 종이 위에 남을 뿐이다.

아이들의 본격적인 끄적거리기는 언제부터로 보아야 할까? 18개월 무렵 아이가 자신의 의지에 따라 어느 정도 연필을 쥐고 그릴 수 있을 때부터 시작된다. 물론 미숙하기는 마찬가지지만 점, 사선, 직선들이 어우러지고 이후에는 곡선과 사선들이 겹쳐서 복잡한 모양을 나타내기도 한다.

이탈리아에서는 끄적거리기를 '스카라보끼오'라고 부른다. 진딧물을 가리키는 프랑스 어에서 유래한 말이다. 진딧물처럼 예쁘다고는 할 수 없는 온통 까맣고 볼품없는 몸을 가는 다리로 지탱하는, 다시 말해 가분수 모양과도 흡사한 초기에 아이들이 그리는 연필의 흔적을 말한다.

나름대로 질서 있는 끄적거리기는 30개월부터 시작한다고 볼 수 있다. 물론 이전에 어느 정도 손가락 운동의 자극을 받았는가에 따라서 개인적인 차이는 두드러진다.

머릿속에 있는 어떤 것을 손으로 표현할 수 있다는 것은 이미 아이의 머릿속에 실재하는 어떤 표상이 있다는 것이다. 이는 아이의 사고체계가 한 단계 높아졌음을 의미한다. 아이들의 그림은 이런 끄적거림에서 시작한다. 끄적거리기를 시작으로 아이들은 보다 완전한 자신만의 사물 이미지를 만들어내고 독창적인 그림을 그린다.

이렇듯 아이의 끄적거림은 자기 만족이다. 자신이 끄적거린 것이 종이 위에 남아 있고, 눈으로 자신이 남긴 흔적을 확인하면서 아이들은 다시 끄적거리고 싶어 한다.

만지고 느끼며 말하기

관찰 어린이 30개월 된 연지, 20개월 된 유정

장소 한국 영아반 교실

연지가 교실로 들어왔다. 연지는 혼자서 겉옷을 벗어서 옷장에 넣어 둔다. 선생님이 연지에게 다가가 "화장실 다녀오세요"라고 말하자 연지는 "네에!" 하고는 화장실로 간다. 누가 도와주지 않아도 스스로 바지를 벗고 변기에 앉아 소변을 본다.

유정이는 책상 위에 머리핀과 밖에서 따온 꽃잎을 놓고 만지작거리며 앉아 있다. 화장실을 다녀온 연지가 유정이에게 다가가 "유정아, 이거 언제 주웠어?" 하고 물어본다. 유정이는 아직 말을 잘 못하기 때문에 언니를 한 번 쳐다보고는 다시 머리핀과 꽃잎을 만지작거린다.

선생님이 연지에게 재미있는 교구를 하자고 제안하자 연지는 선생님을 따라나선다. 선생님은 주단을 펴고 연지는 실제 채소가 담긴 바구니를 가져왔다. 멀뚱히 책상에 앉아 있던 유정이에게 선생님이 "유정이도 같이 할까요?"라고 권하자 유정이가 선생님 곁으로 다가가 앉았다. 연지는 선생님이 말해주기도 전에 바구니에 담긴 채소들이 신기한지 "이게 뭐예요. 이거?" 하고 묻는다. 바구니에 담긴 것은 토마토, 감자, 쑥갓 등 실제 채소들이다.

선생님이 토마토를 꺼내서 손바닥 위에 조심스럽게 올려놓고 만져본다. 향기를 맡아 본 뒤 "연지도 한번 맡아보세요" 하며 "토마토,

토마토, 토마토"라고 이름을 말해준다. 연지는 토마토를 손바닥에 놓는 순간 "차가와요"라며 한참 만지작거리고 내려놓는다. 이번에는 커다란 단호박을 선생님이 들어올렸다. 꼭지도 만져보고 껍질도 쓸어보면서 "단호박, 단호박, 단호박"이라고 이름을 말해준다. "선생님은 단호박을 좋아해요"라고 얘기하자 연지도 단호박이 만져보고 싶은지 "으챠!" 하면서 자신의 머리통만한 단호박을 두 손으로 힘껏 들어올린다.

연지는 이렇게 바구니에 담긴 모든 채소를 하나씩 들고 만져보고 느껴보며 이름을 말하고 있다. 선생님은 "이번에는 새송이버섯입니다"라고 말한 뒤 "새송이버섯, 새송이버섯" 하고 또박또박 말하면서 커다란 버섯을 연지 손바닥 위에 건네주었다. 연지는 버섯의 부드러운 느낌을 표현하고 싶은지 "간지럽다"며 선생님 말을 따라 "새송이버섯, 새송이버섯" 하고 말한다.

모든 채소가 주단 위에 나란히 놓여 있을 때 선생님은 또 다른 방법을 제안했다. "자, 이제 연지가 선생님한테 감자 찾아주세요" …… "이번에는 새송이버섯을 찾아주세요" 하면서 요구한다. 연지는 채소의 이름을 구분할 수 있어서 즐거운지 신 나게 선생님이 말하는 채소를 잘 찾아주고 있다. 주거니 받거니 하는 모습이 재미있어 보였는지 옆에 있던 어린 유정이도 덩달아서 선생님에게 감자도 집어주고 새송이버섯도 집어주고 있다. 연지와 유정이는 번갈아가면서 선생님이 말하는 채소를 하나씩 찾아 바구니에 담고 있다.

몬테소리 언어교육에서는 아이들에게 새로운 물건의 이름을 알려줄 때 '3단계 레슨'이라는 방법을 쓴다.

첫 단계는 세 가지 정도의 실물을 놓고, 각각의 물건을 하나씩 감각으로 탐색하며 이름을 말해준다. 한 개의 물건을 손바닥 위에 올려놓고 손으로 무게를 느끼고, 모양도 살펴보고, 냄새도 맡아 본 뒤에 이름을 말해준다.

둘째 단계는 물건과 이름을 일치시킬 수 있는지 질문을 한다. "OO을 선생님에게 찾아주세요. OO을 상자 안에 넣어보세요" 하며 놀이 하듯 오랫동안 아이가 물건을 만져보도록 이끈다. 그러는 사이 아이는 자연스럽게 반복적으로 선생님으로부터 물건의 이름을 계속해서 듣게 된다.

셋째 단계는 "이것의 이름이 무엇인가요?"라고 직접적으로 물건의 이름을 묻는다. 물론 3세 이하의 아이에게는 셋째 단계는 적용하지 않는다. 이제 막 배우기 시작해 미처 준비가 안 된 아이에게 그러한 질문으로 마음의 상처를 주지 않을까 하는 우려 때문이다.

montessori said

아이 안에는 처음에는 알파벳을, 그 다음에는 음절과 단어들을 발음할 수 있도록 가르치는 작은 교사가 숨어 있다. 내부의 교사는 적절한 시기에 일을 행한다. 먼저 아이는 소리를, 그 다음에는 음절을 고정시킨다. 다음에는 단어를, 마지막으로 문법공부를 하게 된다. 처음 배우게 되는 단어들은 사물,

물질의 이름들이다.

우리는 자연의 가르침이 얼마나 우리의 사고를 잘 반영하는지 알 수 있다. 자연은 선생님이며 아이는 우리 어른들이 언어에 있어 가장 부족한 부분이 무엇인지 알려준다.

〈흡수정신 The Absorbent Mind〉

교실은 때때로 너무 시끄럽다

관찰 어린이 13~36개월 아이들

장소 한국 영아반 교실

교실에서 바쁘게 돌아다니던 유정이가 도형 끼우기를 가져와 하나씩 꺼내놓고 맞추기를 한다. "도 도-, 다 다-, 어, 우-" 도형조각을 끼우면서도 계속 혼자서 중얼대며 즐겁게 맞추고 있다. 여러 번 해본 교구인지 잘 맞춘다. 그리고는 벌떡 일어나 제자리에 갖다놓는다.

준이는 동물모형 바구니를 책상 위에 올려놓고 "어흥! 앙!" 하며 동물 흉내를 내고 있다. 그리고는 혼자서 숫자를 세는지 "셋! 넷!" 하고 중얼대며 계속 동물을 가지고 놀고 있다. 친구가 교구를 가지러 준이 곁을 지나가자 자신의 동물모형을 친구가 뺏어간다고 생각했는지 모형을 움켜쥐며 "안 돼!" 하고 소리를 지른다. 선생님이 다가와 준이에게 친구는 그냥 지나간 것뿐이라고 알려주며 교구활동은 주단을 펴고 바르게 하자고 얘기한다.

그때 수진이가 "어~어!" 하고 소리를 냈다. 준이도 가만히 있다가 수진이처럼 "어~어!" 소리를 낸다. 이제 말을 배우는 아이들이라 교실에서 들리는 소리는 누구의 말이든 따라하며 반복하고 있다. 예진이는 점토놀이를 하면서 "야! 야! 야!" 노래를 하다가, 옆에 있는 친구와 "내 자리야!" "너는 안 하는 거야. 나만 하는 거야!" "아니야! 고마해!" 하며 말씨름을 하고 있다.

아이들은 지금 언어에 대해서 예민하게 반응하고 있다. 주변의 모든 소리를 담아두고 스스로 낼 수 있는 소리에 행복해하며 따라하며 반복하고 연습을 한다. 친구의 외마디 괴성 소리도 아이들은 따라하며 반복한다. 그래서 그런지 언어의 민감기인 어린 아이들과 함께 있는 교실은 때로는 너무 시끄럽다.

아이들은 자신을 성장시키기 위해 환경 안에서 필요한 것을 찾는다. 아이들의 내면에는 소통하고 싶은 욕구가 꿈틀꿈틀 용솟음치고 있다. 그래서 아이들은 친구들의 외마디 소리에도 반응하고 환경의 모든 것을 모방하며 배운다.

이 시기가 언어의 민감기이다. 임신 3개월에 이미 태아의 청각기관이 형성되었다고 하니 어찌 보면 이때부터 언어에 대한 민감기가 시작된다고 볼 수 있다. 이러한 언어의 민감기에 아이에게 풍부한 언어 환경을 제공한다면 아이들은 너무나 쉽고 자연스럽게 언어를 획득할 수 있다. 아직 말을 못하는 아이지만 들을 수 있다는 사실을 기억하고 어른들은 끊임없이 말을 건네고 대화를 시도해야 한다. 수유할 때, 목욕할 때나 기저귀를 갈 때 등 아이와 접하는 모든 순간순간 아이에게 지금 무엇을 하고 있는지 설명할 수 있다. 이렇게 어릴 때부터 풍부한 언어 환경에 노출된 아이들은 당연히 풍부하고 다양한 말을 할 수 있게 될 것이다.

아이들은 책을 좋아한다

관찰 어린이 34개월 된 예진
장소 한국 영아반 교실

예진이가 교실을 둘러보다 책꽂이 앞에 멈춰 섰다. 그리고는《물고기야, 유치원 가자》라는 책을 꺼내서 선생님에게 다가간다. "선생님, 책 읽어줘요." 책을 내민다. 선생님은 "책을 읽기 전에 우리 손을 깨끗이 씻고 오기로 해요" 하고 예진이와 함께 세면대로 간다. 간혹 아이들은 찰흙놀이를 하거나 그림을 그리고 나서 손을 씻지 않은 채로 책을 만지기도 해서 미리 손을 씻고 온다.

선생님이 아이 옆에 앉았다. "제목은 '물고기야, 유치원 가자'예요"라며 책 표지를 보면서 아이와 이야기를 나눈다. 이 시기 아이들에게 책은 단순히 글자만 읽어주는 용도가 아니라 자연스럽게 대화를 이끌어가는 도구이다. 책에 있는 그림을 함께 보면서 묻고 대답하며 자연스럽게 말하기로 연결할 수 있다.

"자, 선생님이 책을 어떻게 넘기는지 보세요." 첫 장을 조심스럽게 넘기며 "노란색 유치원 버스네. 누가 타고 있나요?" 하고 선생님이 물었다. "한 마리, 두 마리, 세 마리, 네 마리, 다섯 마리와 밤새 물고기 다섯 마리가 더 생겼네." 선생님이 책을 읽어주자 아이는 꼬무락꼬무락 손가락을 움직여 한 마리, 두 마리, 세 마리… 하며 세고 있다. "고모, 아빠, 엄마, 애기 둘." 예진이는 책 속의 어항 안에 물고기를 가리키며 "이건 고모 물고기예요."라고 말한다.

다시 선생님이 책장을 조심스럽게 넘기며 "곰곰이는 새로 태어난 물고기들을 유치원에 데려가기로 했어요." 하고 읽어준다. 선생님이 "쏟아지지 않게 엄마가 작은 어항에 물고기들을 담아주시네" 하고 그림을 설명하자 예진이는 선생님 말이 맞다는 듯 고개를 끄덕끄덕하고 있다. 선생님이 계속 책을 읽는다.

"쏟아지지 않게 잘 가져가야 한다."

"물고기야, 유치원 가자." 부릉 부릉, 차가 출발했어요.

"곰곰아, 그게 뭐니?" 친구들이 물었어요.

"응, 물고기."

친구들이 "뭐? 물고기?"라며 놀란 표정을 지었어요.

선생님이 다시 그림을 보면서 "여기 곰곰이 친구들이 많이 있네. 토끼도 있고" 하자 예진이는 "원숭이, 돼지, 거북이, 강아지" 하며 그림을 짚어가며 얘기를 하고 있다. 선생님은 책을 읽는 내내 이런 식으로 예진이와 대화를 나눴다.

"예진아 책 더 볼까?" 책 한 권을 다 읽고 나서 선생님이 예진이에게 물어본다. 예진이는 고개를 끄덕이더니 의자에서 일어섰다. 그리고는 "그럼, 기다려주세요." 하며 선생님이 다른 곳으로 가지 못하도록 당부를 하고는 다른 책을 고르러 갔다.

0~3세 아이들이 좋아하는 책은 어떤 것일까? 이 시기 아이들은 사물이 정확하게 그려진 세밀화나 사진이 가득한 책을 좋아한다. 처음에는 단어가 1~2개, 다음 단계는 1~2개의 문장으로 구성된 그림책, 차츰 간단한 이야기가 있는 책을 읽어주자. 물론 글과 함께 아름답고 섬세한 그림을 보며 아이들과 함께 이야기를 나눈다면 더욱 즐거워한다.

아이들은 숫자를 셀 수 있는 책, 동시와 노래 등 몸을 움직이며 즐길 수 있는 책을 좋아한다. 책은 말하기에서는 얻을 수 없는 다양한 어휘와 풍부한 표현을 경험할 수 있어서 한창 말을 배우는 아이들에게 많은 도움을 준다.

아무도 코 푸는 법을 알려주지 않았다

관찰 어린이 23개월 된 예린

장소 한국 영유아반 교실

똑똑똑! 선생님이 문을 열자 희준이와 병준이가 들어왔다. "안녕하세요." 인사를 나누고 희준이는 칫솔을 내민다. "칫솔 새로 가져왔어요?" 선생님은 칫솔을 챙겨놓는다. 그때 교실 한쪽에서 "떤생님!" 하고 예린이가 선생님을 부른다. 곧이어 병준이를 발견하고는 다시 "병준아!" 하고 친구를 반갑게 맞이한다.

예린이는 병준이가 겉옷을 벗는 동안 주변을 왔다갔다 하며 기다리다가 함께 퍼즐이 있는 교구장으로 갔다. 병준이는 다양한 자동차가 그려진 퍼즐을 가져오고, 예린이는 동물들이 그려진 퍼즐을 꺼내온다. "병준아! 호랑이!" "이거 있다. 블록." 예린이는 친구가 함께 있어서 좋은지 연신 웃으면서 책상을 두드리고 퍼즐을 맞추며 논다.

어느새 예린이는 커다란 칠판에 그림을 그리고 있다. 좀 전까지 만지고 놀았던 퍼즐은 책상에 그대로 펼쳐놓은 채 그림판 앞에 섰다. 아직 두 돌이 안 됐지만 예린이는 자신의 의지와는 상관없이 마음대로 끄적대는 것이 아니라 동그란 곡선을 여러 겹 겹쳐서 그리고 마지막 끝부분을 서로 맞추려고 애쓰고 있다. 그러면서 "동-구라-미"라고 혼잣말을 한다.

그림을 그리다가 분필을 들고 교구장 앞으로 가던 예린이가 갑자기 코풀기 교구 거울 앞에 멈춰 섰다. 거울 앞에는 바구니가 놓여 있고 그 안에는 두루마리 휴지 두 칸 정도 길이의 휴지를 두 번 접은 휴지가 집기 좋게 쌓여 있다. 예린이는 휴지를 하나 집어 들어 콧물을 닦고 있다. 휴지를 코 한쪽에 대고 두 손으로 꼭 쥐면서 한 번 닦고 버리고 또 한 번 닦고…….

그때 선생님이 다가가 "어떻게 닦는지 보여줄게" 하면서 예린이 앞에서 시범을 보여준다. 선생님은 휴지를 코에 밀착시키고 한쪽을 닦고 다시 하나를 들어서 다른 쪽을 닦는다. 예린이는 선생님이 하는 대로 천천히 따라한다. 예린이는 콧물을 닦는 것이 재미있는 듯 "또 할 거예요" 하며 계속 반복하고 있다.

montessori said

아이들은 더러운 코 때문에 끊임없이 야단맞았다. 모두가 아이들에게 고함치고 마음에 상처를 주었지만 아무도 코 푸는 법을 제대로 가르쳐주지 않았다. 어른들은 아이들이 자기를 업신여기는 것에 대해 굉장히 민감하다는 사실을 알아야 한다. 나는 오랜 경험 끝에 어린이 인격의 존엄성이 얼마나 의미있으며, 많은 부분에서 아이들이 상처를 받고 곪을 수 있다는 사실을 알게 되었다.

〈어린이의 비밀 The secret of the child〉

찰흙으로 무엇을 만들까?

관찰 어린이 24개월 된 유진

장소 한국 영아반 교실

"선생님, 선생님!" 교실에 들어서는 유진이가 선생님을 애타게 찾고 있다. 벌레 먹은 나뭇잎을 하나 쥐고는 선물인양 선생님에게 내민다. 선생님은 나뭇잎을 받아들고 유진이와 함께 교구장이 있는 곳으로 다가갔다. "유진이가 좋아하는 찰흙놀이 할까요?" 선생님이 묻자 유진이는 "응!" 하고는 익숙하게 찰흙놀이에 필요한 교구들을 가져와 책상 위에 올려놓는다.

잠시 동안 교실을 물끄러미 바라보더니 가져온 교구에서 찰흙이 담긴 상자를 꺼낸다. 유진이는 찰흙을 책상 위에 놓고 나무 조각칼을 거꾸로 들고 자르려 한다. 하지만 아직 힘 조절을 잘하지 못해서인지 찰흙은 뜻대로 잘리지 않는다. 유진이는 조각칼로 찰흙덩어리 자르기를 포기한 듯 이제 조금씩 손으로 떼어내고 있다.

떼어낸 찰흙으로 무엇인가 형상을 만들었는지 "선생님! 엄마다! 됐다!"라고 말을 한다. 유진이는 요즘 말문이 트여 작업을 하면서도 계속 혼자서 중얼댄다. 어린 동생 미나가 옆에서 씨앗 분류하기 작업을 하면서 "복숭아씨앗! 살구씨앗!"이라고 선생님과 씨앗이름을 반복해서 말할 때도 따라한다.

잠시 유진이가 찰흙을 손에 쥐고는 선생님과 친구들을 바라본다. 다시 찰흙으로 시선을 옮기더니 찰흙을 조금씩 떼어내기 시작한다.

그러다가 손에 쥐어보기도 하고 다시 떼어내더니 매트 위에 늘어놓는다. 곁에서 지켜보고 있던 선생님이 유진이 코에 콧물이 흐르자 "코 닦고 하자" 하며 코를 닦아주었다. 코를 닦은 유진이는 다시 자리에 앉아서 찰흙을 떼어내며 "코!, 코!"라고 중얼대고 있다.

거의 모든 찰흙을 떼어낸 뒤 유진이는 반대로 떼어놓은 찰흙들을 하나씩 붙이며 "이거랑, 이거랑, 이거랑" 하고 혼잣말을 한다. 잠시 뒤, "됐다!" 하며 유진이가 소리를 치더니 갑자기 "눈사람! 눈사람! 눈사람!" 하고 혼자서 중얼대며 즐거운 듯 웃고 있다. 찰흙덩어리는 흡사 눈사람처럼 보였다.

유진이는 계속 "눈사람!"이라는 말을 반복하더니 선생님 곁으로 다가가 자랑스럽게 "이거 봐요! 선생님" 하고 자신이 만든 찰흙작품을 보여준다. 선생님이 "눈사람 만들었어요?" 하고 묻자 유진이는 큰 소리로 "네-에!" 하고 대답한다.

찰흙놀이나 밀가루 반죽놀이는 한창 표현하고 싶고 다른 사람들과 소통하고 싶어 하는 두세 살 아이들이 특히 좋아하는 활동이다. 그러나 밀가루 반죽은 부드러워서 형태를 만들기가 쉽지 않고 아이들의 손가락 근육 자극에도 많은 도움을 주지는 못한다. 이 시기 아이들에게는 많이 주물럭거릴 수 있는, 조금은 단단한 찰흙을 주는 것이 좋다.

그냥 아이들이 자유롭게 만들 수도 있지만 우선 만들기 시범을 보이는 것이 필요하다. 뜯어보기, 말아보기, 굴려보기 등 찰흙으로 어떻게 모양을 만드는지 간단하게 다루는 방법을 보여주고, 도구를 사용하는 방법도 알려준다. 찰흙놀이는 아이들의 소근육을 발달시킬 뿐만 아니라 표현력과 창의력을 기를 수 있다.

모두를 위한 식탁준비

관찰 어린이 18개월~ 36개월 아이들

장소 영유아반 교실 (한국)

선생님이 딸랑 딸랑 종을 치자 아이들이 "정리시간이다!" 하며 하던 교구를 제자리에 넣는다. 이제 아이들은 모두 모여 커다란 카펫 위에 앉아 있다. "오늘은 어떤 친구가 식탁준비를 도와줄까요?" 선생님 말이 끝나기도 전에 준이와 예진이, 요셉이 손을 번쩍 들었다. "준이와 요셉이 나오세요." 뽑힌 두 아이는 익숙한 듯 앉아 있는 친구들 앞에 서서 "열심히 하겠습니다"라고 인사를 하고, 앉아 있는 친구들은 "잘 부탁합니다"라고 답인사를 한다.

손을 씻고 와서 앞치마를 한 두 친구가 선생님과 함께 책상을 옮긴다. "먼저 우리 친구들이 모두 모여앉아 점심식사를 할 수 있도록 책상을 옮기기로 해요." 아이들은 선생님을 따라 책상 옮길 자세를 취하고 있다. "선생님이 하나, 둘, 셋! 하면 같이 들기로 해요." 아이들은 합창을 하듯 선생님의 목소리에 따라 "하나, 둘, 셋!" 하고는 1인용 책상을 번쩍 들어 옮겨 큰 책상을 만들었다.

"이번에는 식탁매트를 하나씩 펴놓기로 해요." 선생님의 말씀에 따라 준이는 식탁매트가 담긴 바구니를 들고 책상 위에 각각의 식탁매트를 펴놓고 있다. 요셉은 준이를 쫓아서 식탁매트가 펼쳐진 곳에 숟가락과 포크를 놓고 있다. 두 친구는 식탁매트 위에 그려진 안내선에 따라 숟가락, 포크를 점선에 맞게 맞추어 놓으려고 온 신경을 집중하고 있다.

아이들은 자신에게 책임이 부여될 때 기꺼이 행복하게 일을 완수한다. 그리고 그것이 친구들을 위한 일이라면 더욱 신 나게 준비한다. 친구들과 함께하는 식사시간은 그래서 아주 중요하다. 식사시간을 통해서 아이들은 독립심과 사회성을 기를 수 있다.

바른 식사예절 또한 올바른 사회생활을 위해서 꼭 필요하다. 아이들은 타인과 소통하고 싶어 한다. 따라서 어른들은 아이들 앞에서 진심에서 우러나는 예의범절을 보여줘야 한다.

0~3세 아이들은 무의식적 흡수시기이다. 아이들은 매일 그들이 보는 것을 무의식적으로 흡수해서 자신의 신체에 아로새긴다. 어른의 말과 행동을 보면서 모방하고 점차 그렇게 변화된다. 아이들에게

올바른 예의범절을 갖추게 하기 위해서는 어른들의 좋은 본보기가 필요하다. 이 시기는 말이 통하는 시기가 아니라 몸이 말을 하는 시기이기 때문이다.

montessori said

아이들의 넘치는 열정은 자기보다 어린 아이들을 위해 자기들이 배운 것을 사용한다는 사실을 보여준다. 나는 자기보다 어린 아이의 신발 끈을 매어 주고 겉옷을 입혀주는 아이를 보았다. 또 어떤 아이는 자기보다 어린 아이가 바닥에 수프를 엎질렀을 때 바닥을 닦기도 했다. 아이들이 탁자를 정리한다면, 그건 아이들이 자기들과 함께 하지 않은 많은 다른 아이들을 위해 그렇게 하는 것이다. 열정적인 아이들에 대한 보상은 활동 그 자체이다.

〈가정에서의 어린이 The child in the family〉

생명을 돌보고 키우며

관찰 어린이 30개월 된 연지, 은지

장소 한국 영유아반 교실

선생님과 함께 교실을 돌던 연지가 커다란 고무나무 앞에 서 있다. 나뭇잎 닦기가 하고 싶은 듯 그 앞에서 서성거린다. "나뭇잎 닦기 하고 싶나요?" 선생님이 묻자 연지는 반갑게 "네!" 하고 대답한다.

잠시 후 연지는 스펀지와 작은 쟁반이 든 바구니를 가져온다. 그리고는 쟁반에 스펀지를 담아 개수대로 가져가더니 수돗물을 틀어 스펀지를 적셔서 짠 뒤 가져온다. "이제 스펀지로 나뭇잎을 깨끗하게 닦기로 해요." 선생님은 왼손은 나뭇잎 밑을 받치고 오른손은 스펀지를 쥔 채 나뭇잎을 천천히 위에서 아래로 닦았다. 연지는 옆에서 천천히 움직이는 선생님의 동작을 주의 깊게 보고 있다. "이제 연지 차례예요." 연지는 기다렸다는 듯 커다란 나뭇잎을 하나씩 닦기 시작한다. 몇 장이나 닦았을까? 연지는 스펀지가 더러워지자 쪼르르 개수대로 달려가 빨아온다. 그리고 다시 닦기를 반복한다.

연지는 여기저기 화분 주위를 돌면서 나뭇잎을 열심히 닦더니 다 닦았다고 생각했는지 만족스러운 미소를 지으며 스펀지를 제자리에 두고 다른 곳으로 간다.

다시 천천히 교실을 돌던 연지는 재미있는 것을 발견한 듯 유리병 앞에 멈춰 섰다. 어제 선생님이 감자에 싹이 난 것을 보고 넣어둔 유리병이다. 옆에는 양파와 고구마도 함께 놓여 있다. 갑자기 연지가 감자가 놓여 있는 쟁반을 들고 책상으로 가져온다. 유리병 안에 물이 있는 것을 보고 물을 갈아줘야겠다고 생각했는지 감자는 꺼내놓고 유리병만 들고 개수대로 달려간다.

"나 이거 할래요, 씨앗심기. 어떻게 하는 거예요, 선생님?" 하고 은지는 선생님에게 다가간다. 선생님은 교구장에 놓여 있는 앞치마를 가리키며 먼저 앞치마를 입고 오라고 권한다. 은지는 앞치마를 하고 흙이 담긴 통, 작은 모종삽, 작은 화분, 그리고 해바라기 씨앗이 담긴 통을 교구장에서 책상 위로 차례차례 가져온다.

선생님이 "씨앗은 3개만 넣기로 해요" 하고 접시에 담아주고 잠시 자리를 비웠다. 선생님이 간 사이에 은지는 스스로 알아서 작은 화분에 흙을 담고 있다. 한 번, 두 번… 여섯 번 정도 작은 모종삽으로 흙을 퍼서 화분에 담고 씨앗을 넣었다. "하나, 둘, 셋"을 세면서, 그리고는 "안 보이게, 안 보이게"라고 혼자서 중얼대며 씨앗 위에 흙을 덮고 있다.

흙이 화분에 넘칠 듯 가득 찰 즈음 선생님이 은지 곁으로 다가갔다. 선생님은 흙을 조금 덜어내고 은지에게 정리하자고 말했다. 은지는 화분을 창가에 가져다놓고 다시 책상으로 돌아와 빗자루를 들고 책상에 떨어진 흙을 통에 쓸어 담는다. 그리고 조리개에 물을 담아 자신이 심은 화분 앞에 가서 천천히 뿌려준다. "잘 커라, 해바라기야." 인사하는 은지의 표정이 무척 행복해보였다.

아이들은 나뭇잎의 먼지를 닦아주고, 씨앗을 심고, 예쁜 꽃을 화병에 담아 친구 책상에 놓아주는 활동을 특히 좋아한다. 이러한 활동을 통해서 아이들은 생명체를 대하는 기본자세를 알게 되고 생명의 신비함을 경험한다. 그리고 무엇보다 아이들이 자신이 살고 있는 주위 환경을 관리하는 법을 배울 수 있어 의미가 크다.

또한 실제 생활에서 식물을 돌보는 실질적인 기술을 터득할 수 있는 좋은 기회이기도 하다. 식물은 조금만 부주의하게 관리하면 곧 시들어 죽어버린다. 교실에서 예쁜 꽃과 싱싱한 식물과 같은 자연의 생명체와 함께하기 위해서는 그만큼 부지런하고 정성을 기울여야 한다. 매일매일 나뭇잎을 닦아주고 물을 주어야 한다.

물론 아이들에게 이러한 책임과 의무를 알려주는 일은 쉽지 않다. 하지만 식물과 동물을 가까이 두고, 그들을 돌보고 그들의 습성을 알아가고 함께 공존하기 위해서는 어떤 노력을 해야 하는지 알아가는 것은 아이들에게 의미 있는 과정이다. 자연과 함께 자연을 돌보며 따뜻한 마음을 키울 수 있다면 아이들에게 이보다 더 소중한 경험이 또 어디에 있을까?

까만 스파이더맨

관찰 어린이 35개월 된 시준이
장소 한국 영유아반 교실

똑똑똑. 교실문을 노크하며 시준이가 교실 안으로 들어섰다. "선생님 이거 선물이에요." 선생님에게 작은 꽃을 내민다. 선생님은 향기를 맡으며 "국화꽃이구나. 고맙습니다" 했다. 그런데 시준이가 "이 꽃 옷장에 넣어두려고요" 한다. 선생님은 "선생님 옷장에? 아니면 시준이 옷장에?"라고 묻는다. 시준이는 "잃어버리지 않게" 하며 자기 옷장에 넣는다. "망가지면 내가 선생님 작은 사탕 줄게요." 그리고는 입고 온 겉옷을 벗는다.

시준이가 겉옷을 접어놓기 위해 책상 위에 펼쳐놓았다. "지퍼 올려보세요." 선생님 말에 시준이는 "오늘은 스파이더맨이에요"라고 말한다. 선생님이 다시 "스파이더맨, 지퍼를 올려볼까요?"라고 말하자 "오늘은 까만 스파이더맨이고, 다음에는 빨간 스파이더맨이 되고, 지금은 까만 스파이더맨이 됐어요"라고 말한 뒤 "지금은 변신했어요" 하며 지퍼를 올린다. 요즘 시준이는 스파이더맨에 빠져 있다.

겉옷을 정리하고 교구장으로 가는 시준이에게 "오늘은 무슨 재미있는 교구를 할까?" 하고 선생님이 물어보니 "음- 찜토!" 하고 말에 힘을 준다. 그리고는 스파이더맨이 걷듯이 거미 자세로 점토를 가지러 간다. 그 뒤, 한참 동안을 혼잣말도 해가며 점토놀이를 했다.

점토놀이를 정리한 시준이가 이번에 교구장에서 가져온 건 크레파스와 스케치북이다. 옆자리에서 병준이가 "엄마, 엄마" 하며 스케치북에 끄적거리고 있다. "나, 엄마 아니야. 나는 스파이더맨이지. 스파이더맨 맞는데요." 시준이는 자기를 부르는 줄 알고 자신은 스파이더맨이라고 힘주어 말한다. 그리고 그림을 그리기 시작한다. 그런데 그림도 영락없이 스파이더맨을 그린다.

"스파이더맨은 벽에도 오르고 날아다녀요. 그리고 손에서 찍찍 거미줄이 나와요." 시준이가 선생님에게 열심히 설명한다. 아직 현실과 상상을 구별하기 어려운 3세 아이에게 스파이더맨의 인상이 너무나 강력한 듯하다. 선생님은 아이가 혹시라도 진짜 스파이더맨 흉내를 낼까봐 걱정되는지 "그런데 우리 손에는 거미줄이 안 나오는데 어떻게 벽에 올라가지"라고 물었다.

시준이는 잠시 당황하다가 상기된 얼굴로 "나는, 나는, 나만! 돼요"라고 대답한다. 그리고 멈칫하더니 옆에 있는 병준이를 보고 미안했던지 "너도, 손에 거미줄 나와" 한다. 시준이가 다시 그림을 그리기 시작하자 선생님은 자리를 떠났다.

잠시 뒤, 시준이가 슬그머니 선생님 곁으로 다가가 얘기한다. "그런데 괴물이 스파이더맨을 때려요. 스파이더맨이 여기 빵구나요." 손으로는 머리를 가리키면서.

영상물이 아이들에게 어떤 영향을 끼치는지에 관한 소아과 의사의 증언을 방송에서 본 적이 있다. 의사는 간단한 실험을 해보였다. 먼저 한 아이에게 젖소가 생활하는 농장에 대한 영상물을 자주 보여주고 얼마 뒤, 다른 아이들과 함께 영상에서 나오는 실제 농장에 데리고 갔다. 영상물에 익숙한 아이는 실제 현실에서 펼쳐지는 농장 생활에 지루함과 시시함을 느꼈다. 이미 아이는 빠르게 전개되는 영상 속의 세계에 익숙해져 너무나 더딘 농장에서의 일상생활은 도무지 적응하기 힘들었던 것이다.

아이들은 영상물을 보면서 그것을 그대로 흡수한다. 물론 어른들은 그것이 현실인지, 비약인지를 판단할 수 있지만 아이들은 비약된 상황을 이해하지 못한다.

그는 어린아이들에게는 자극이 부족한 환경도 문제가 되지만, 영상매체와 같은 지나친 자극에 자주 노출되는 환경도 아이들에게 위험하다고 말한다. 지나친 자극에 익숙해진 아이들은 시간이 지남에 따라 더욱더 자극적인 것을 찾게 되고 결국 집중력이 떨어진다. 그는 3세 이하의 어린아이가 미디어에 1시간 이상 노출되면 10%, 2시간 이상 노출되면 20% 정도 집중력이 더 떨어진다고 하였다.

그렇다면 어린아이들에게 집중력을 기를 수 있는 방법은 무엇인가? 그것은 바로 아이들이 발을 디디고 살고 있는 땅, 구체적인 현실세계에서의 생생한 체험을 통한 체화이다.

자연의 아이들

관찰 어린이 20개월~36개월 아이들
장소 한국 영아반 교실

" 초록 초록 나무에
빨간 빨간 앵두가 따닥 따닥 따닥 따닥 많이 열렸네.
하나만 하나만
똑똑 따다가

우리 은지 입속에 쏙 넣어줬으면,

우리 예지 입속에 쏙 넣어줬으면."

모두 엄마 참새를 기다리는 아기 참새처럼 선생님이 앵두를 입속에 넣어주기를 기다리며 아이들은 선생님을 따라 노래를 부른다. "이제 나갈 준비가 되었나요? 자, 이제 산에 갈 친구들을 초대합니다." 선생님이 이름을 부르자 아이들은 차례차례 신발을 신고 밖으로 나간다.

두 돌이 지난 아이들은 친구들끼리 삼삼오오 손을 잡고 가고, 두 돌이 안 된 아이들은 선생님과 함께 손을 잡고 간다. 잠시 선생님이 손을 놓은 순간 소진이가 넘어졌다. 그러나 다행히 다치지는 않았고 금세 울음을 그치고 다시 씩씩하게 걷는다.

산길을 가다가 앞에 선 은수가 자세를 낮추더니 조심스럽게 주저앉는다. 바닥에 떨어진 나뭇가지를 주우려고 팔을 뻗는다. "여기 빨간 열매들이 많이 떨어졌네. 찾아볼까요?" 선생님이 바닥에 떨어진 열매를 보고 아이들에게 말했다. "어디 있어요?" 아이들이 선생님 주위로 몰려든다.

아이들은 나무열매를 찾거나 폴짝폴짝 뛰면서 잠시 머물고 있다. 아이들은 작은 손으로 여물지 못하고 떨어진 나무열매를 줍느라 모두 열중하고 있다. "이것 보세요. 이것 보세요." 손바닥 가득 열매를 쥐고는 아이들이 소리친다. 옆에 있던 예지는 문득 선생님에게 다가가 선생님을 한 번 꼬옥 안아보고 다시 친구들에게 간다.

산에 가면 아이들은 더 바빠진다. 가야 할 길인지 아닌지를 구분하지 못하고 오르려다 넘어지기도 자주한다. 그러나 아이들은 그러한 모험이 신이 나는지 넘어져도 즐겁다. 아이들이 어느새 나뭇가지를 들고 바닥에 그림을 그리고 있다. 은수는 내려가던 산길에서 갑자기 멈춰서 있다. 병준이는 산길에서 주운 나뭇가지를 들고 계단에서 열심히 빗질을 하며 돌멩이를 떨어뜨린다.

예린이는 조용한 은수가 좋은지 "손잡고 가자"며 손을 내민다. 은수는 처음에는 낯설어서 거부하더니 조용히 말없이 손을 잡고 따라간다. 예린이가 잠시 손을 놓고 가면 다시 다가가 손을 잡아당긴다. 평소에 다른 친구에게 물건을 나누어주지 않았던 은수도 예린이가 손을 잡고 가서 기분이 좋은지 들고 가던 나뭇가지를 예린이에게 준다. 뒷산 숲에는 새들이 삐요-삐요- 소리를 내며 요란하다. 아마 새들도 친구 새를 만나 놀고 있는 듯하다.

아이들은 자연 속에 있을 때 가장 행복하다. 아이들은 자연인이다. 풀꽃 향기를 맡으며 미소 짓고 개미라도 발견하면 기뻐서 소리친다. 하루 종일 친구들과 마음껏 뛰어놀아도 지치지 않는다. 어린아이들은 키가 쑥쑥 자라기 위해서라도 30분 이상 햇볕을 받으며 뛰어놀아야 한다. 그렇게 아이들은 태양의 온기를 받고 땅의 기운을 느끼며 자라야 건강할 수 있다.

아이들이 자연 속에서 마음껏 뛰어다닐 수 있도록 아이들에게 자유를 주고, 그러한 자유를 제공한 자연에 감사한 마음을 느끼도록 알려줘야 한다. 아이들 가까이 있는 자연이 오래오래 함께할 수 있도록 소중히 가꾸는 방법도 알려줘야 한다. 그리고 그들처럼 작고 눈에 띄지 않는 것들에 대해 관심을 갖도록 세심한 배려가 있어야 한다.

montessori said

아이들을 밖으로 나가게 하라. 물웅덩이를 발견했을 때는 신발을 벗게 하라. 초원의 풀이 이슬로 젖었을 때는 그 위를 맨발로 달리고, 밟도록 하라. 나무 그늘 밑에서 편히 잠들면서 쉴 수 있도록 하라. 태양이 아침에 그들을 깨울 때는 환호하며 웃게 하라.

〈어린이의 발견 The discovery of the child〉

물고기에게 물을,
아이에게는 질서 있는 환경을

어느 날, 아이가 놀고 잠자는 방에 어느 부인이 방문하였다. 그 부인은 탁자 위에 작은 우산을 놓았다. 아이는 불안해하는 것 같았다. 낯선 사람이 방문해서라기보다는 오히려 탁자 위에 놓인 우산 때문인 것 같았다. 아이는 한참 우산을 쳐다보더니 울기 시작했다. 그 부인은 아이가 우산을 갖고 싶어서 운다고 생각하고 우산을 아이에게 내밀었다. 하지만 아이는 우산을 밀어내고 계속 울었다. 이때 아이 엄마가 탁자에서 우산을 치웠더니 아이는 진정하기 시작했다. 아이를 울게 한 것은 탁자 위에 있던 우산이었다. 모든 질서 속에 물건들이 평소대로 제자리에 놓여 있지 않았기 때문이다.

〈어린이의 비밀 The secret of childhood〉

아이는 질서를 사랑한다. 무질서를 싫어한다. 싫어하는 정도가 지나쳐 무질서한 환경에서는 고통을 느낀다. 이러한 고통이 지속되면 불안하고 절망감을 느끼며 급기야 병이 되기도 한다. 우리 어른들이 생각하기에 질서는 지키면 서로에게 편리함을 주는 정도로 알고 있는데, 아이들에게는 그 정도가 다르다. 몬테소리는 0~3세 아이들에게 질서란 물고기에게 물과 같은 절대적인 것으로 이해한다.

특히 1~2세 아이들은 질서에 예민하다. 이 시기 아이는 자유롭게 이동하면서 자기가 물건을 한 곳에서 다른 곳으로 옮김으로써 비로소 환경을 지배할 수 있다고 느끼는 최초의 시기이다. 그런데 만일 늘 보아왔던 물건들이 제자리에 없게 되면 아이는 혼란스러워한다.

사물을 분리하고 유형화시키는 이 시기에 환경의 모든 물건들이 질서 있게 정돈되어 있다면 아이는 새로운 일을 좀 더 수월하게 배울 것이다. 나아가 기억되어진 환경에 대한 인상으로 아이는 눈을 감고도 움직일 수 있고, 찾고자 하는 물건도 쉽게 손에 넣을 수 있다. 이러한 자신의 모습은 곧 아이 마음속에 행복감과 안정감을 준다.

어릴 때부터 질서 있는 환경에서 자란 아이들은 스스로 뭔가를 하고자 할 때 자신감이 있다. 이러한 환경에 대한 자신감을 토대로 우리의 아이들은 점차 독립적인 아이로 우뚝 설 것이다.

물고기가 물을 빼앗기면 살아갈 수 없듯이, 아이들은 질서가 없는 환경에서는 자신감을 갖고 생활할 수가 없다.

풍부하고 다양한 경험을 할 수 있도록

아이들이 스스로 설 수 있는 자유로운 인간이 되기 위해서는 양육자로부터 정서적 독립이 전제되어야 한다. 정서적 독립을 위해서 아이는 우선 생후 8주 동안 엄마와의 공생기간을 통해서 지지되어 온 감정으로부터 독립해야 한다. 어른들은 아이의 이러한 감정적 독립을 촉진하기 위해 아이에게 최대한의 신뢰감을 주도록 노력해야 한다. 아이의 울음을 인식하고 아이의 필요와 마주하면 가능한 빨리 적절한 대처를 할 수 있도록 항상 준비되어 있어야 한다.

정서적인 독립이 이루어지면 아이들은 운동을 통해서 물리적인 환경뿐만 아니라 문화를 포함한 그들 주변의 환경을 탐험한다. 아이들은 환경의 모든 것을 흡수하고 이러한 지식을 통해서 보다 독립적으로 성장하게 된다. 독립심은 우리가 자신을 위하여 생각하고 행동할 수 있는 능력이다. 따라서 아이가 자신의 삶의 주인으로 자유롭게 살아가기 위해서는 정서적, 인지적, 기능적 경험들이 축적되어야 한다.

정서적인 독립

정서적인 독립은 아기가 분리된 실체임을 인식하고 스스로 가치를 가진 존재임을 아는 것이다. 아이가 엄마 옆에 있지 않아도 안정감을 느낄 수 있도록 성장하는 것이다. 정서적인 독립은 아이가 초기부터 엄마와의 공생을 통해서 지지되어온 감정이 필요하다. 공생기간(생후 8주까지) 뒤에 아이는 첫 정신적인 독립을 시도할 수 있다. 이것은 엄마로부터 벗어나 가정환경이라는 더 넓은 세상으로의 전환이다. 감정적 의존은 지지받아야만 점차 정서적 독립이 가능하다. 엄마는 아이의 정서적 독립을 도와주기 위해 아기가 엄마를 찾으면 항상 응대해주어야 한다. 또한 관찰을 통해서 아기의 다양한 울음소리를 인식하고 적절하게 도와주어야 한다. 그리고 위험하지 않은 한, 시도하려는 아이의 의지를 꺾지 말고 경험할 수 있도록 허용해야 한다.

인지적인 독립

인지적인 독립은 자신의 생각을 가질 수 있는 아이가 그것들을 표현하는 데 편안함을 느낄 수 있는 상태이다. 스스로 생각할 수 있는 아이에게 풍부한 환경을 제공하면 할수록 지식이 더 넓어진다. 이것은 감각, 촉감, 청각, 언어 등 더 많은 경험을 제공하면 할수록 인간의 가능성이 더 풍부해짐을 의미한다.

일상생활 활동은 인지적인 독립을 촉진한다. 아이는 실수를 바로 잡으면서, 그리고 자기완성을 향해 노력하면서 지식을 얻을 수 있다. 또한 다양한 교구를 통해서 많은 언어를 접하면서 더욱 인지적인 독립을 기를 수 있다.

기능적인 독립

기능적인 독립은 아이가 혼자서도 활동할 수 있다는 것을 의미한다. 아이의 세밀한 운동과 발달을 촉진하고 손으로 기능적인 일을 자주 해볼 수 있도록 많은 기회를 만들어준다. 이것은 목적의식적인 실제 삶의 활동을 위한 능력을 습득하기 위한 연습이다.

아이가 가정에서 구체적인 일상생활 활동을 연습할 수 있도록 집안일에 적극 참여시켜라. 이때 어른은 아이들의 모델이기 때문에 특히 중요하다. 이 시기의 아이들은 어른의 행동과 언어를 무의식적으로 흡수하기 때문에 주의 깊게 행동해야 한다. 아이는 점차 기술과 자신감이 늘어갈 것이고, 이런 자세는 아이의 일생을 함께할 것이다.

어른들은 아이에게 옷을 입히고, 먹여주고, 신발을 신기는 것이 아이들이 직접 하는 것보다 훨씬 빠르기 때문에 아이가 자기 할 일을 스스로 할 때까지 기다려주지 못한다. 하지만 우리가 아이가 배운 것을 실행에 옮길 수 있도록 기회와 시간을 주고 기다려 줄 수 있다면, 우리 아이들은 마침내 자기 스스로를 창조하는 능력으로 우리를 매혹시킬 것이다.

아이의 독립성은 출생 직후부터 나타난다. 성장해가는 동안 아이는 자신을 더욱 완전하게 가꾸며, 모든 장애물들을 극복해나간다. 이 원동력은 아이 내면에서 꿈틀거리며, 목표를 달성하게끔 아이를 북돋운다. 만일 우리가 삶 속에서 이와 유사한 어떤 것을 찾는다면 아마도 의지일 것이다. 성장을 위한 이 추진력은 아이가 많은 활동을 하도록 이끌고, 성장할 수 있게 해주며, 아이에게 '삶의 기쁨' 을 느끼게 해준다. 아이는 항상 열성적이고 행복하다.

〈흡수정신 The Absorbent Mind〉

흡수정신

사람들은 아이들이 어떻게 그렇게 빨리 외국어를 배울 수 있는지 의아해한다. 외국에 이민을 간 가족을 보면 아이들은 빠르고 쉽게 그 문화에 적응하고 언어를 배우지만 어른들은 상대적으로 힘들어한다. 왜 그럴까? 그 비밀은 바로 아이들에게만 있는 흡수정신에 있다.

엄마로부터 떨어져 나온 아이는 독립된 개체로서 환경을 흡수하려는 충동이 생긴다. 태어날 당시 아이는 어려운 탄생의 과정을 겪었다 하더라도 엄마의 심장박동 소리를 들으면 울음을 그치고 편안하게 잠이 든다. 이것은 이미 엄마 배 속에서부터 엄마의 심장박동 소리와 체취를 느끼며 흡수한 결과이다. 실제로 세상에 나온 지 얼마 되지 않은 아이도 많은 사람 가운데 엄마를 알아볼 수 있다. '세계를 이해하려는 강한 충동', 그 강한 욕구 때문에 어린아이는 주위 환경을 마치 스펀지처럼 빨아들이고 자신의 개성과 환경과의 상호작용 속에서 자아성취를 이루게 된다.

몬테소리는 어린아이만이 가지고 있는 이러한 정신의 형태를 '흡수정신'이라고 불렀다. 아이는 강한 적극성을 가지고 환경 속에 있는 모든 것을 흡수하여 자신을 만들어간다. 그러나 이 흡수정신은 6세가 지나면 사라진다. 그것이 사라지면 새로운 정보를 흡수하는 강력한 능력은 되돌아오지 않는다.

아이들이 어른과는 달리 자신이 살고 있는 나라의 언어, 문화, 습관 등을 놀라운 속도로 배워가는 것도 이 흡수정신의 힘이다. 이것은 아주 적극적이고 능동적이다. 이때 아이는 많은 일을 하지만 버거워하지 않는다. 특별한 주의력과 뛰어난 집중력이 있기 때문이다. 지워지지 않게 아주 사소한 것도 몸에 새겨놓는다. 몬테소리는 이러한 흡수정신을 두 시기로 구분하였다. 0~3세는 무의식적 흡수정신의 시기이고, 3~6세는 의식적 흡수정신의 시기이다.

0~3세, 무의식적 흡수정신의 시기

신생아는 위대한 잠재력을 가진 존재이다. 아직은 스스로 움직일 수 없고 다른 사람들의 보살핌을 받지만, 활동적이고 정신적인 생명체라는 점에서 이 시기 아이를 몬테소리는 '정신적 태아'라고 불렀다.

아이들은 환경에서 받은 모든 인상을 자신의 의지와는 상관없이 능동적이고 적극적인 자세로 자신의 정신세계를 구축한다. 아이들은 이렇게 흡수한 모든 것을 마치 자신의 몸의 일부처럼 저장한다. 수많은 주변의 인상들을 받아들일 뿐만 아니라 형태를 만들고 자신의 내부에 구체화시킨다. 처음에는 가장 밀접하게 접하는 엄마와의 관계, 즉 인간의 자극과 목소리에 반응하지만 점차 모든 감각을 자신이 살고 있는 환경에 적응하는 데 사용한다.

그런데 아이들은 자신이 흡수한 것이 무엇인지 의식하지 못한 채 좋은 환경이든 나쁜 환경이든 거르지 않고 그대로 수용한다. 그래서 더욱 주의를 기울여야 한다. 이 시기의 주위 환경은 아이의 생애에 중대한 영향을 미칠 수 있다. 모방행동, 소근육, 대근육 운동의 발달, 언어발달이 일어나는 창조의 시기, 적응의 시기이다. 따라서 이 시기 아이들은 부모의 사랑과 질서 있고 안정된 공간, 아름다운 말과 음악이 있는 감성이 풍부한 환경이 절대적으로 필요하다.

3~6세, 의식적 흡수정신의 시기

이 시기 아이들은 자신의 의지에 따라 손을 사용하여 환경을 흡수하며, 이것이 세상에 대한 그들의 인식을 보다 완전하고 풍부하게 도와준다. 손은 두뇌의 도구가 되고, 손에 의한 활동으로 다양한 경험을 하게 된다. 또한 감각기관이 더욱 예민해지고 고도화된다. 따라서 이 시기의 아이들에게는 다양한 감각세계를 경험하는 것이 중요하다. 이러한 활동을 통해서 0~3세 때 무의식적으로 흡수 저장된 모든 정보들이 정리, 체계화된 의식의 표면으로 나타난다.

우리가 어느 집을 구경 갔다고 하자. 우리는 "어머! 아름다워라!" 하고는 이곳저

곳을 둘러보고 다닐 것이다. 그런데 나중에 이 집에 대한 기억은 어렴풋하다. 그러나 아이들은 자기 인생의 첫 시기 동안의 기억을 모아 자기 내부에 심어놓으며 스스로를 창조한다. 이것은 어린아이의 특별한 능력으로 가능한 것이다. 개인적 특성을 습득한 아이는 그 언어나, 종교, 민족 등이 자신을 형성하게끔 한다. 이것은 아이가 환경에 자신을 적응시키는 방법이다. 그 환경 안에서 아이는 관습과 언어 등을 취하면서 행복을 느끼며 발달한다. 아이는 새로운 환경마다 적응한다. 적응한다는 의미는 무엇일까? 그것은 자신의 변형을 의미하는 것이다. 아이는 환경에 적절하게 조화를 이루고 환경은 아이 자신의 일부분이 되는 것이다.

<흡수정신 The Absorbent Mind>

epilogue

우리 앞에 있는 '새로운 생명'

아이들은 스스로를 창조한다. 몬테소리는 아이들은 이미 태어나면서부터 스스로를 창조하려는 힘이 내재되어 있다고 하였다. 그들은 스스로 성장하고자 하는, 자립을 향한 의지와 충동으로 끓어오르고 있다. 어른들은 아이가 이러한 잠재된 능력을 펼치도록 이끌어주기만 하면 된다. 아이들이 스스로 선택하고 다양하게 체험하며 실수를 통해서 성장하도록 기회를 주어야 한다.

오직 부드러움과 접촉으로

《폭력 없는 탄생》 저자 프레드릭 르봐이예F. Leboyer는 감미로운 사랑을 해 본 사람임에 틀림없다. 그는 엄마에게 갓 태어난 아이를 연인처럼 사랑하라고 말한다. 그리고 아이가 탄생하는 순간 분만실의 휘황찬란한 조명은 말할 것도 없고, 심지어는 사람들이 아이들은 못 본다고 생각하고 인정사정없이 램프와 형광등 조명을 들이민다고 나무란다. '본다'는 의미가 눈동자에 노출된 물건에 대한 심적 영상을 구성하는 일이라면 갓 태어난 아이는 아직 볼 수 없다고 판단되지만, 다만 광선을 파악하는 정도라면 아이도 분명히 눈으로 볼 수 있다고 생각한 것이다.

"마치 식물이나 꽃이 빛을 그리워하듯 아이도 본능적으로 빛을 사랑하고 그리워한다. 그러나 강렬한 빛은 아이를 매우 흥분시키고 취하게 한다. 그러므로 우리는 아주 조심스럽게 아주 천천히 불빛을 제공해야 한다. 사실 아이는 빛에 대해 아주 예민하여 엄마의 자궁 속에 있을 때에도 빛을 지각한다. 만일 임신 6개월의 엄마가 맨몸으로 햇빛을 받으면 배 속의 아이는 그것을 황금빛 아지랑이로 볼 것이다." (폭력 없는 탄생 p39)

빛을 지각하듯 배 속의 태아는 그를 둘러싼 소리도 지각한다. 마치 물고기처럼 그들이 헤엄치는 양수를 통해서 소리를 느낀다. 이렇게 태어난 아이는 양수가 갑자기 사라진 무방비 상태에서 처음으로 이 세상의 소리를 접한다. 갑작스레 "자! 힘내세요! 한 번 더! 한 번 더!"라고 외치는 어른들의 청천벽력 같은 소리에 아이는 두 손으로 머리를 쥐어 잡으며 떨고 있다.

연인들은 수줍고 겸손하다. 그들은 포옹을 하려면 어두운 곳을 찾는다. 그들은 불을 끈다. 아니면 눈을 감는다. 그들은 스스로를 위하여 밤을 창조한다. 접촉만이 전부이다. 그리고 이 어둠 속에서 그들은 떨며 포옹하고 가볍게 서로를 어루만진다. 그들은 서로의 팔로 감싼다. 마치 그 옛날의 자궁 속에서처럼 편안하게 녹아든다. 그들은 말이 없다. 말은 필요 없다. 만일 무슨 음성이 들린다면 그건 기쁨의 탄식일 뿐이다. 손이 말을 한다. 그리고 몸이 알아듣는다. 우리는 이 방법으로 말해야 하고 그들은 이 방법이라야 알아듣는다. 오직 부드러움과 접촉으로… (폭력 없는 탄생 p65)

아이는 열 달이 지나 엄마의 몸속에 살 수 없을 때 이 세상으로 온다. 그러나 갓난아이는 무력하다. 엄마의 사랑을 먹어야 살 수 있다. 아이는 엄마와 분리된 듯하지만 여전히 엄마에 의해 비롯된다. 그래서 몬테소리 교육에서는 출생 후 적어도 8주까지를 엄마와 아이 서로에게 중요한 '공생기간'이라고 부른다. 엄마와 아이는 이 기간 동안 떨어져서는 살 수 없다. 감미로운 사랑을 나누듯 엄마와 아이는 연인이 된다.

엄마가 아이를 가슴 가까이 안는다. 이제 아이에게는 편안한 양수의 리듬도, 온갖 소음과 충격을 막아주던 완전한 안식처도 사라졌다. 그러나 아이의 귀에는 늘 익숙했던 엄마의 심장박동 소리가 들리고, 엄마와의 포근한 접촉은 아이를 안심시키고 평온하게 만든다. 아이는 이 거칠고 낯선 세상을 엄마와 함께 맞이하고 있다. 아이는 달라진 세상을 무리 없이 순조롭게 받아들이게 된다.

또한 엄마는 아이가 배가 고플 때나 기저귀가 젖어 찜찜할 때에도 늘 곁에서 보살펴준다. 아이가 심심해서 울기라도 하면 엄마는 다가와 안아주고 이야기도 해준다. 아이의 요구에 엄마는 가능한 빨리 응답해주고 적절한 조치를 취해준다. 아이의 반응에 항상 따뜻한 손길로 대답하고 있다. 엄마와 아이는 여전히 하나다.

엄마는 조심스럽게 아이를 돌본다. 아이는 엄마의 사랑과 함께 점차 가족의 존재도 알게 된다. 아이의 탄생은 단지 아이만 새로 태어나는 것이 아니라 한 쌍의 부부가 엄마와 아빠로 다시 태어나는 것이다. 생명을 탄생시킨 모성은 신체적으로 강화되며 정신적으로 성장한다. 엄마와 아이가 함께하는 이 조화로운 경험은 세상 어떤 경험과도 비교할 수 없는 경이롭고 신비로운 경험이다.

엄마의 사랑을 듬뿍 받고 자란 아이는 이 세상을 보는 시각도 따뜻하다. 인간에 대한 신뢰감은 아이가 얼마나 충분한 사랑을 받고 자랐는가에 달려 있다. 세상에 대한, 인간에 대한 깊은 신뢰감이 곧 자신에 대한 자신감으로 확산되어 보다 넓은 세상으로 다가서는 아이의 발걸음을 더욱 힘차게 재촉할 것이다.

0~3세와 3~6세 아이의 발달 차이

"인생의 가장 중요한 시기는 대학 시절이 아니라 출생에서 6세에 이르는 시기이다. 인간의 지능 자체가 형성되는 것이 이 시기이기 때문이다. 지능만이 아니다. 정신의 기능들 전부가 이 시기에 형성된다."

〈흡수정신 The Absorbent Mind〉

0세에서 6세는 인간 발달의 첫 시기로, 아이는 이 시기에 자신의 신체와 정신의 기능을 스스로 창조할 뿐 아니라 성격을 형성하고 인격의 기본 바탕을 마련한다. 이 모든 게 가능한 이유는 민감기의 강렬한 감수성과 함께 0~6세에만 나타나는 아이의 무의식적 지능인 흡수정신이 작용하기 때문이다.

0~3세 '무의식적'인 흡수정신의 시기에는 인간의 삶에서 가장 많은 것이 창조된다. 이 시기의 아이는 아무 의식 없이, 아무런 노력 없이 단지 그 자리에 있는 것만으로도 환경 안에 있는 수많은 인상과 재료들을 흡수하여 몸에 새긴다. 또한 '내면화'를 통해 자기 자신을 세상에 둘도 없는 인간으로 만들고 성격이 형성될 토대를 마련한다.

하지만 이것은 의식적인 작업의 산물이 아니다. 흡수정신의 결과물이다.

3~6세 '의식적'인 흡수정신의 시기에 아이는 '무의식적 창조자'에서 '의식적 노동자'로 전환된다. 더 이상 정신적 태아가 아니며 의식적으로 자신을 완성해나간다. 이 시기의 아이는 흡수정신의 힘을 이용하여 주위 환경과 자발적으로 상호작용을 하면서 예전에 습득한 것들을 완벽하게 다듬는 노력을 펼친다.

예를 들어 생후 2년 6개월이 되면 언어발달은 거의 완벽에 이른다. 3~6세 '의식적'인 흡수정신의 시기에 아이는 언어를 풍부하게 만들고 또 완벽하게 다듬는다. 손운동도 대표적인 예다. 두 손은 인간 지능의 도구다. 아이는 손운동을 통해 그 전에 흡수정신에 의해 무의식적으로 얻은 여러 가지 능력들을 완전하게 완성시켜나간다. 이것은 동시에 이 시기부터의 발달이 의식적인 노력을 통해서만 가능하다는 것을 말해준다. 흡수정신은 여전히 작동하지만 3~6세 아이는 환경 안에서 연습과 노력을 통해 발달을 이룬다.

0~3세 '무의식적'인 흡수정신의 시기와 3~6세 '의식적'인 흡수정신의 시기 사이의 경계는 뚜렷하지 않다. 하지만 분명한 것은 0~3세 시기는 창조와 관련이 있고 무의식이 우세하며, 3~6세 시기는 완성 혹은 고착의 시기로 0~3세에 발달한 기능들이 견고해진다는 점이다. 따라서 만약 0~3세의 발달과정에서 어떤 결함이 생겼다면 이전에 획득한 기능들을 완성해가는 3~6세 시기에 그 결함을 바로잡을

수 있다. 그러나 6세가 지나면 기회는 사라진다.

발달의 각 단계에서 무엇을 성취했느냐는 그 다음 단계의 바탕이 된다. 지금의 발달단계에서 요구받는 과제를 잘 성취해야 다음 단계의 발달도 성공적으로 이루어진다. 그렇기 때문에 생애 최초의 시기, 0~3세 아이들이 자연으로부터 부여받은 발달과제를 잘 성취하도록 돕는 것은 무척 중요한 일이다. 그렇다면 이 시기의 아이들을 어떻게 노와주어야 할까?

0~3세 아이의 발달과 성장의 법칙을 정하는 건 자연이다. 또한 이 시기 아이들의 정신활동은 무의식적으로 이뤄진다. 어느 누구도 아이의 발달과정에 직접적인 영향을 줄 수 없다. 따라서 어른이 할 수 있는 건 아이를 가르치는 게 아니라 한 걸음 뒤로 물러서서 아이를 관찰하는 것이다. 지금 아이에게 무엇이 필요한가를 읽어내고 찾아내야 한다. 그리고 아이 스스로 준비할 수 없는 발달에 적합한 환경을 마련해주어야 한다.

교육의 주체는 아이들이다

얼마 전 텔레비전에서 일하는 엄마들의 안타까운 사연이 소개되었다. 매일 아침 엄마는 어린아이에게 저녁에 데리러 갈 테니 엄마 보고 싶어도 참고 잘 지내라고 눈물을 삼키며 아이와 헤어진다. 회사로 향하는 엄마는 필요로 할 때 아이 옆에 있어주지 못해 아이에게 미안하고 이러한 현실이 원망스럽기까지 하다. 엄마가 퇴근하고 오면 저녁 7시 혹은 8시, 세 살짜리 아이는 13시간 동안을 어린이집에서 생활하면서 엄마 오기만을 기다린다. 그래도 이것은 양호한 편이다. 다른 일하는 엄마는 아이를 어린이집에 보내고 싶어도 대기자가 많아 순번이 될 때까지 아이를 이집 저집에 맡기고 있다고 했다. 하루빨리 아이가 국공립 어린이집에 다닐 수 있기를 손꼽아 기다린다고 한다.

항상 어린이집에서 아이들과 함께 지내는 나로서는 이런 사연을 접하고 나면 참담한 기분이 든다. 과연 우리나라 영유아 보육제도의 수준은 어디에 와 있는 걸까? 국공립으로 운영되는 곳이 10퍼센트

미만인 우리나라 보육체계에서 교육의 질을 운운하는 것은 사치가 아닐까? 새로운 교육에 대한 모색은 마치 기본적인 생존권도 해결되지 않은 사람에게 삶의 질이 중요하다고 강조하는 꼴은 아닐까? 일하는 엄마의 바람은 아이를 하루빨리 국공립 어린이집에 보내는 것이라고 했는데, 과연 우리나라의 많은 어린이집이 엄마가 믿고 아이를 보낼 만한 곳일까? 그곳에서 아이들은 진정 행복할까?

현재 어린이집의 보육시간은 아침 7시 30분에서 저녁 7시 30분까지 12시간 정도이다. 물론 법으로 규정된 교사 근무시간은 8시간이지만, 나머지 4시간을 대체할 교사는 지원되지 않는다. 3세 아이의 경우, 교사 한 사람이 아이들 15명과 12시간을 함께 지낸다. 하루 종일 대소변 뒤처리를 하고, 먹이고, 입히고, 재우고, 청소하고, 문서를 작성하고, 수업준비를 한다. 이러한 조건에서 과연 어떤 교육이 가능할까?

일반적인 대집단교육의 특징처럼 교사는 아이들 개인의 특성을 고려하기보다는 촘촘한 수업계획을 짜고 계획에 따라 아이들을 몰아붙인다. 교육의 주체는 능동적인 아이인데도 다수의 아이들과 일정한 교육의 진도를 위해 아이들의 자유의지와는 상관없이 교사중심 체계로 갈 수밖에 없다. 다양한 아이들의 개성과 창의성을 배려하기보다는 어떻게 많은 아이들이 일사불란하게 교사에게 주의집중시켜 계획한 하루 일과를 안전하게 마무리할 수 있는지가 교사들의 주된 관심사다. 당연히 아이들은 지시와 명령에 잘 따르는 아이, 일률적이며 정해진 틀에 맞춰진 아이로 성장하게 된다. 높은 교사 대 아동 비율, 장시간 보육, 저급한 교육 환경으로 교사와 아이들은 헉헉대는 듯하다.

지난 해 나는 일본 후쿠오카에 있는 역사가 40여 년 된 에밀-몬테소리 보육원을 방문했다. 200여 명의 어린아이들이 자율적으로 생활하는 것을 보면서 많은 것을 느꼈다. 그곳에서는 오랫동안 AMI 몬테소리 교육철학을 바탕으로 아이들을 보육하고 있었고, 어린아이들은 발달단계에 맞는 환경에서 자신의 의지에 따라 놀이를 즐기며 자유롭고 독립적인 행복한 아이로 성장하고 있었다.

돌 이전의 아이들이 생활하는 영아반에서는 아이들이 걸음마 시기에 보다 자유롭게 움직일 수 있도록 아이들에게 기저귀 대신 두꺼운 팬티를 입히고 있었다. 또한 어릴 때부터 자신이 먹고 싶은 것을 스스로 먹도록 기회를 줘서 아이에게 먹는 즐거움을 느끼게 하였다. 활동적으로 움직이고 싶어 하는 아이들을 위해 교실에는 나무 계단이 준비되어 있었고, 다양한 교구들이 환경 속에 즐비하였다. 아이들은 자연스런 본성에 따라, 개인의 흥미와 관심에 따라, 과학적으로 고안된 교구를 가지고 하루 종일 자신이 원하는 놀이를 마음껏 할 수 있었다. 아이들은 스스로의 흥미에 따라 선택한 놀이이기 때문에 즐거운 마음으로 반복하며 집중력 있고 독립적인 행복한 아이로 성장하고 있었다.

교육의 주체는 아이들이다. 아이들은 자유의지대로 자라야 한다. 몬테소리는 아이들은 이미 태어나면서부터 스스로를 창조하려는 힘이 내재되어 있다고 하였다. 아이들의 마음속은 세상을 탐험하려는 욕구로 용솟음친다. 그들은 스스로 성장하고자 하는, 자립을 향한 의지와 충동으로 끓어오르고 있다.

어른들은 아이가 이러한 잠재된 능력을 펼치도록 이끌어주기만 하면 되는 것이다. 아이들 한 명 한 명이 스스로의 경험을 통해서 지식을 얻도록 도와주어야 한다. 적어도 어린아이들에게만은 교사가 하루 종일 아이들 앞에 나서서 지식을 전달하는 주입식 교육을 해서는 안 된다. 스스로 선택하고 다양하게 체험하며 실수를 통해서 성장하도록 기회를 주어야 한다. 손으로 만지고, 눈으로 보고, 귀로 들으며, 마음으로 세상을 느끼도록 해줘야 한다. 어리면 어릴수록 이러한 감각체험은 절대적이고 필수적이다.

따라서 어른들의 역할은 아이들의 역동성을 바탕으로 발달단계와 과정을 이해하고 그들의 성장과 변화과정을 관찰하며 적절한 환경을 마련해주는 소극적인 역할로 족하다. 간혹 환경에 다가가기를 두려워하는 아이를 환경과 접촉할 수 있도록 이끌어주며, 새롭게 배우며 모방하려는 아이에게 말과 행동의 바른 본보기가 된다면 그것으로 충분하다.

어릴 때부터 소화되지 않는 주입식 교육체계만을 주장할 것이 아니라, 주체적이고 창의적인 인재를 양성할 수 있는 아이중심, 자연중심의 선진교육을 실천해야 한다. 아이들 한 명 한 명의 속도를 존중하며, 아이가 교육의 중심으로 설 수 있도록 아이 뒤에서 지지해주는 진정한 아이중심의 교육만이 우리의 산적한 문제를 해결해줄 것이다.

국제몬테소리협회 Association Montessori Internationale

몬테소리 교육의 순수성이 유지 발전되기 위해서는 국제몬테소리협회의 강도 높은 원칙들이 회원 상호간에 요구된다. 간단하게 그 원칙들을 살펴보면 다음과 같다.

AMI에서는 인류의 더 높고 평화로운 문명의 조화에 기여하며 젊은 사람들의 잠재력과 완전한 개발을 위한 기회를 제공한다. 또한 전 세계 몬테소리 학교의 생성을 장려하며 교육개발과 인권과 평화를 증진하는 다른 단체와 협력한다. 특히 AMI 교육위원회에서는 트레이너 프로그램을 주관하고, AMI 교육과정에 대한 지침을 제공한다. 현재 전 세계에는 약 35개의 AMI 몬테소리 교육센터가 있으며 0~3세, 3~6세, 6~12세, 특수아과정 등 연령에 따른 교육과정을 제공한다. 이러한 교육센터는 10년 이상의 몬테소리 교육이론과 실천테스트 과정을 통과한 높은 자격을 갖춘 AMI에서 공인한 트레이너에 의해 운영된다. 또한 이러한 교육센터는 AMI 본부에서 파견된 경험이 풍부한 고문교수팀에 의해 지원, 관리된다. 몬테소리 교육센터에서 교육을 받는 학생들은 보다 높은 교육수준과 교육과정의 원리를 유지하기 위해 해외에서 파견된 AMI 외부시험관의 이론과 실천 시험과정을 통과해야만 AMI 몬테소리 교사자격증을 받을 수 있다. 현재 한국에는 3~6세 AMI 몬테소리 교사자격증을 취득한 사람이 300명 있다.

0~3세 몬테소리 교사양성과정

1939년 몬테소리는 인도에서 교육과정을 열어달라는 초청을 받고 인도를 방문하였다. 다음해 그녀는 네덜란드로 돌아갈 계획이었으나 2차 세계대전 때문에 돌아갈 수 없었다. 그래서 몬테소리는 인도에서 7년 동안 교사훈련을 계속하며 다양한 연령의 많은 아이들을 관찰할 수 있었다.

몬테소리는 특히 기어다니며 걷는 0~3세 아이들의 발달에 대해 연구했다. 몬테소리는 0~3세는 인간의 삶에 있어서 가장 중요한 시기라고 생각했다. 이미 관찰을 통해 0~3세 아이들의 발달과 교육의 중요성에 대해서 확인했기 때문이다. 몬테소리는 인도에서 돌아와 친구인 코스타 뇨끼를 만나서 0~3세 아이들을 위한 교육의 필요성을 주장하기 시작했다.

이미 오래전에 코스타 뇨끼는 이탈리아 페루지아에서 몬테소리와 함께 공부했고, 1935년 로마의 타베르나에 있는 팔라조에서 어린이집을 열었다. 몬테소리는 어린이집에 3세보다 더 어린 아이들을 초대하였고 아이들의 발달을 돕기 위한 교구를 연구했다.

그 당시 몬테소리는 아이들의 신체발달뿐만 아니라 심리, 정신발달을 통한 전인적인 발달을 도울 수 있는 교사양성의 중요성에 대해 강조하였다. 코

스타 뇨끼는 이탈리아 몬테소리 협회 Opera Nazionale Montessori의 협력을 받아 소아신경정신의학, 영양학, 위생학의 교육과정으로 0~3세 교사를 위한 첫 양성과정을 열었다. 1955년 정신과학 전공의인 실바나 몬타나로는 그 강의의 첫 강사가 되었고, 2년 과정으로 신생아에 관해서 전문적으로 연구하는 과정이 시작되었다.

1980년 실바나 몬타나로는 AMI의 허가를 받아 의학과 몬테소리 교육학, 그리고 0~3세 발달과정에 따른 환경과 교구활동에 중심을 둔 0~3세 몬테소리 교사양성과정을 열기 시작했다. 초기에는 실마바 몬타나로와 함께 잔나 고비, 리디아 첼리, 가브리엘라 브라틀리 등이 함께 이끌었으며, 최근에는 실바나 몬타나로에게 제1회 0~3세 몬테소리 교사자격증을 획득한 주디 오라이온을 포함하여 전 세계적으로 네 명의 0~3세 AMI 트레이너가 덴버, 런던, 밴쿠버, 베를린, 댈러스, 포틀랜드, 항조우, 일본, 러시아, 스위스 등에서 과정을 이끌고 있다.